高职高专"十二五"规划教材

电气综合实训项目化教程

赵　群　主编

周　博　杨庆堂　张博舒　副主编

刘明伟　主审

化学工业出版社

·北京·

《电气综合实训项目化教程》按照与现场"零距离"接轨的教学改革思路，以扩展高职学生的动手能力为目标，是由校企合作编写的实训和技能培训教材。全书依照相关专业的培养目标和国家维修电工职业技能的要求，采用项目化教学方式，主要内容包括：电气基本技能实训、电气控制实训和线路分析与故障排除等实训项目。在每个项目中提出了经过实训所应达到的知识目标、能力目标，并将相关知识分解到各个实训任务。实训项目的最后还用技术考核来考查实训成果，符合实际教学规律。

　　《电气综合实训项目化教程》既可作为高等职业院校电子电气类专业的实训教材，也可作为中等职业学校的同类专业教材，还可作为从事电气工作人员的参考资料。

图书在版编目（CIP）数据

电气综合实训项目化教程/赵群主编. —北京：化学工业出版社，2015.12(2022.7重印)
高职高专"十二五"规划教材
ISBN 978-7-122-25496-2

Ⅰ.①电… Ⅱ.①赵… Ⅲ.①电气设备-高等职业教育-教材 Ⅳ.①TM

中国版本图书馆 CIP 数据核字（2015）第 255560 号

责任编辑：王昕讲　　　　　　　装帧设计：韩　飞
责任校对：宋　玮

出版发行：化学工业出版社（北京市东城区青年湖南街 13 号　邮政编码 100011）
印　　装：北京虎彩文化传播有限公司
787mm×1092mm　1/16　印张 7　字数 128 千字　　2022 年 7 月北京第 1 版第 4 次印刷

购书咨询：010-64518888　　　　　　售后服务：010-64518899
网　　址：http://www.cip.com.cn
凡购买本书，如有缺损质量问题，本社销售中心负责调换。

定　　价：20.00 元

前　言

《电气综合实训项目化教程》由一批长期从事专业技能教学的经验丰富的教师和企业技术人员合作编写而成，实训内容贴近生产实际，具有较高的可操作性，并且适合职业院校项目化教学。

在《电气综合实训项目化教程》编写结构上，改变了一般教材中以电工等级分类的编写体系，而是以现代社会要求电工必须掌握的几类主要技术能力分类标准，按项目化教学分类，主要内容包括：电气基本技能实训、电气控制实训和线路分析与故障排除等实训项目。每个项目又设计了若干任务，循序渐进地完成项目教学任务，教学思路清晰，更具有内容的独立性。每个任务的内容统一编排成实训目的、实训准备、实训内容、实训考核四个部分，便于老师安排教学及学生自学。

《电气综合实训项目化教程》在理论教学上以"够用"为原则，教材中理论知识的介绍简明、扼要，重点讲解基本理论，注重新元件、新技术、新标准的介绍。

《电气综合实训项目化教程》在实训内容安排上，除注重电工传统的基本技术能力训练外，还突出新技术的学习和训练，力求实现与现代先进技术相结合，与时俱进，适应和满足现代社会对电工人才的需求。

我们将为使用本书的教师免费提供电子教案等教学资源，需要者可以到化学工业出版社教学资源网站 http://www.cipedu.com.cn 免费下载使用。

本书由渤海船舶职业学院赵群任主编，渤海装备辽河重工有限公司周博、渤海船舶职业学院杨庆堂和沈阳职业技术学院张博舒任副主编。其中项目 1 由杨庆堂编写，项目 2 由赵群编写，项目 3 由周博编写。渤海船舶职业学院李佳宇和张雪松也参加了全书编写工作。在教材的编写过程中，得到了渤海船舶职业学院刘明伟和渤海装备辽河重工有限公司吴薇等同志的大力支持和帮助，在此表示衷心的感谢。

由于编者水平有限，经验不足，书中难免会存在一些缺点和不足，诚挚希望广大读者批评指正。

编　者

2015 年 10 月

目　　录

电气基本技能实训

【项目描述】

本项目主要让学生了解电工安全知识，使学生掌握触电现象产生的原因，以及触电现象发生后如何进行急救，保护人身及财产安全。了解常用电工工具及常用仪表的功能与特点，正确使用和维护电工工具，既能提高工作效率和施工质量，又能减轻劳动强度、保证操作安全和延长电工工具使用寿命。掌握工具使用与导线连接工艺要求，为后期项目实训作铺垫。

【项目目标】

① 了解电工安全知识，掌握急救方法，能处理一般的安全事故；

② 能熟练使用常用电工工具；

③ 会正确使用电工仪表进行测量；

④ 能利用常用电工工具对绝缘导线的绝缘层进行剖削；

⑤ 能对直线电路、分支电路等进行正确的连接，会对导线进行绝缘修复。

1.1 触电急救实训

【实训目的】

① 将实训设备的电源断开，模拟触电情境，学生分组分别互相救助自救，掌握触电急救方法。

② 情境演示，请学生指出情境中的触电原因，提出解决方案。

【实训准备】

1）器材准备

电气实训工作台、导线若干。

2）工具准备

测电笔、绝缘棒、绝缘胶垫。

3）分组准备

（1）对实训人员进行分组。

（2）按组安排电气实训工作台。

（3）漏芯导线发放。

1.1.1 实训室用电安全

1）实训室用电安全操作规程认知

（1）实验室工作人员必须时刻牢记"安全第一，预防为主"的方针和"谁主管，谁负责"的原则，做好实验室用电安全工作。

（2）使用电子仪器设备时，应先了解其性能，按操作规程操作。实验前先检查用电设备，再接通电源；实验结束后，先关仪器设备，再关闭电源。

（3）若电气设备发生过热现象或出现焦糊味时，应立即关闭电源。

（4）实验室人员如果离开实验室或遇突然断电，应关闭电源，尤其要关闭加热电器的电源开关。

（5）电源或电气设备的保险丝烧断后，应先检查保险丝被烧断的原因，排除故障后再按原负荷更换合适的保险丝，不得随意加大或用其他金属线代替。

（6）实验室内不能有裸露的电线头；如有裸露，应设置安全罩；需接地线的设备要按照规定接地，以防发生漏电、触电事故。

（7）如遇触电时，应立即切断电源，或用绝缘物体将电线与触电者分离，再实施抢救。

（8）电源开关附近不得存放易燃易爆物品或堆放杂物，以免引发火灾事故。

（9）电气设备或电源线路应由专业人员按规定装设，严禁超负荷用电；不准乱拉、乱接电线；严禁实验室内用电炉、电加热器取暖和实验工作以外的其他用电。

（10）严格执行学校关于用电方面的规章制度。

2）停电检修的安全操作规程认知

（1）停电检修工作的基本要求。停电检修时，对有可能送电到检修设备及线路的开关和闸刀应全部断开，并在已断开的开关和闸刀的操作手柄上挂上"禁止合闸，有人工作"的标示牌，必要时要加锁，以防止误合闸。

（2）停电检修工作的基本操作顺序。首先应根据工作内容，做好全部停电的倒闸操作。停电后对电力电容器、电缆线等，应装设携带型临时接地线及绝缘棒放电，然后用验电笔对所检修的设备及线路进行验电，在证实确实无电时，才能开始工作。

（3）检修完毕后的送电顺序。检修完毕后，应拆除携带型临时接地线，并清理好工具，然后按倒闸操作内容进行送电合闸操作。

3）带电检修的安全操作规程认知

如果因特殊情况必须在电气设备上带电工作时，应按照带电工作安全规程进行。

（1）在低压电气设备和线路上从事带电工作时，应设专人监护，使用合格的有绝缘手柄的工具，穿绝缘鞋，并站在干燥的绝缘物上。

（2）将可能碰及的其他带电体及接地物体应用绝缘物隔开，防止相间短路及触地短路。

（3）带电检修线路时，应分清相线和零线。断开导线时，应先断开相线，后断开零线。搭接导线时，应先接零线，再接相线。接相线时，应先将两个线头搭实后再进行缠接，切不可使人体或手指同时接触两根导线。

1.1.2　触电与急救

1）电流对人体的危害认知

（1）人体电阻及安全电压

① 人体电阻主要包括人体内部电阻和皮肤电阻，人体内部电阻是固定不变的，并与接触电压和外部条件无关，一般约为 500Ω。皮肤电阻一般是手和脚的表面电阻。它随皮肤的清洁、干燥程度和接触电压等而变化。一般情况下，人体的电阻为 $1000\sim2000\Omega$。

② 安全电压。我国的安全电压，以前多采用 36V 或 12V，1983 年我国发布了安全电压国家标准 GB 3805—1983，对于频率为 $50\sim500$Hz 的交流电，安全电压的额定值分为 42V、36V、24V、12V 和 6V 五级。

电流危害的程度与通过人体的电流强度、频率、通过人体的途径及持续时间等因素有关。

（2）电流强度对人的影响

① 使人体有感觉的最小电流称为感觉电流。工频交流电的平均感觉电流，成年男性约为 1.1mA，成年女性约为 0.7mA；直流电的平均感觉电流约为 5mA。

② 人体触电后能自主摆脱电源的最大电流称为摆脱电流，工频交流电的平均摆脱电流，成年男性约为 16mA 以下，成年女性约为 10mA 以下；直流电的平均摆脱电流均为 50mA。

③ 在较短的时间内危及生命的最小电流称为致命电流。一般情况下，通过人体的工频电流超过 50mA 时，心脏就会停止跳动，发生昏迷，并出现致命的电灼伤；工频 100mA 的电流通过人体时很快会使人致命。

（3）电流频率对人体的影响。在相同电流强度下，不同的电流频率对人体影响程度不同。一般为 28～300Hz 的电流频率对人体影响较大，最为严重的是 40～60Hz 的电流。当电流频率大于 20000Hz 时，所产生的损害作用明显减小。

（4）电流流过途径的危害。电流通过人体的头部会使人昏迷而死亡；电流通过脊髓，会导致截瘫及严重损伤；电流通过中枢神经或有关部位，会引起中枢神经系统强烈失调而导致死亡；电流通过心脏会引起心室颤动，致使心脏停止跳动，造成死亡。实践证明，从左手到脚是最危险的电流途径，因为心脏直接处在电路中，从右手到脚的途径危险性较小，但一般也能引起剧烈痉挛而摔倒，导致电流通过人体的全身。

（5）电流的持续时间对人体的危害。由于人体发热出汗和电流对人体组织的电解作用，电流通过人体的时间越长，使人体电阻逐渐降低。在电源电压一定的情况下，会使电流增大，对人体的组织破坏更大，后果更严重。

2）触电急救认知

（1）使触电者迅速脱离电源。触电事故附近有电源开关或插座时，应立即断开开关或拔掉电源插头。若无法及时找到并断开电源开关时，应迅速用绝缘工具切断电线，以断开电源。

（2）初步简单诊断

① 将脱离电源的触电者迅速移至通风、干燥处，将其仰卧，并将上衣和裤带放松，应检查触电者是否有呼吸，摸一摸颈部动脉的搏动情况。

② 观察触电者的瞳孔是否放大，当处于假死状态时，大脑细胞严重缺氧处于死亡边缘，瞳孔就自行放大，如图 1-1-1 所示。

(a) 瞳孔正常　　　　(b) 瞳孔放大

图 1-1-1　检查瞳孔

③ 对有心跳而呼吸停止的触电者，应采用"口对口人工呼吸法"进行急救。

a. 清除口腔阻塞：将触电者仰卧，解开衣领和裤带，如图 1-1-1 检查瞳孔后将触电者头偏向一侧，张开其嘴，用手清除口腔中假牙或其他异物，使呼吸道畅通。口对口人工呼吸如图 1-1-2 所示。

b. 鼻孔朝天头后仰：抢救者在触电病人一边，使其鼻孔朝天后仰，如图 1-1-2(b) 所示。

c. 贴嘴吹气胸扩张：抢救者在深呼吸 2～3 次后，张大嘴严密包绕触电者的嘴，同时用放在前额的手的拇指、食指捏紧其双侧鼻孔，连续向肺内吹气 2 次，如图 1-1-2(c) 所示。

　　d. 放开嘴鼻换气：吹完气后应放松捏鼻子的手，让气体从触电者肺部排出，如此反复进行，以每 5s 吹气一次，坚持连续进行。不可间断，直到触电者苏醒为止，如图 1-1-2(d) 所示。

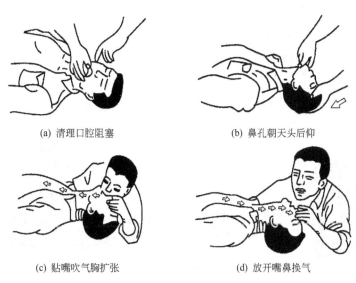

(a) 清理口腔阻塞　　　　　　　　　　(b) 鼻孔朝天头后仰

(c) 贴嘴吹气胸扩张　　　　　　　　　(d) 放开嘴鼻换气

图 1-1-2　口对口人工呼吸

　　④ 对"有呼吸而心脏停搏"的触电者，应采用"胸外心脏按压法"进行急救。将触电者仰卧在硬板或地面上，颈部枕垫软物使头部稍后仰，松开衣服和裤带，急救者跨跪在触电者的腰部。

　　急救者将后手掌根部按于触电者胸骨下二分之一处，中指指尖对准其颈部凹陷的下缘，当胸一手掌，左手掌复压在右手背上，如图 1-1-3(a) 和（b）所示。

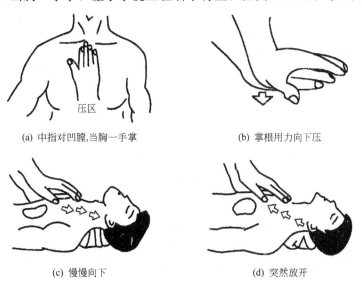

(a) 中指对凹膛,当胸一手掌　　　　　　(b) 掌根用力向下压

(c) 慢慢向下　　　　　　　　　　　　(d) 突然放开

图 1-1-3　胸外心脏按压法

掌根用力下压 3～4cm 后，突然放松，如图 1-1-3（c）和（d）所示，挤压与放松的动作要有节奏，每秒进行一次，必须坚持连续进行，不可中断，直到触电者苏醒为止。

⑤ 对呼吸和心脏都已停止的触电者，应同时采用口对口人工呼吸法和胸外心脏按压法进行急救，其步骤如下。

　　a. 单人抢救法：两种方法应交替进行，即吹气 2～3 次，再挤压 10～15 次，且速度都应快些，如图 1-1-4 所示。

　　b. 双人抢救法：由两人抢救时，一人进行口对口吹气，另一人进行挤压。每 5s 吹气一次，每秒钟挤压一次，两人同时进行，如图 1-1-5 所示。

图 1-1-4　单人抢救法　　　　　　　　　图 1-1-5　双人抢救法

【实训考核】

按表 1-1-1 触电急救实训考核表中内容进行评分。

表 1-1-1　触电急救实训考核表

名称	配分	技能考核标准	扣分	得分
触电急救	70	(1)急救步骤错误，每处扣 20 分 (2)急救诊断错误，每处扣 5～10 分 (3)急救方法错误，每处扣 30 分 (4)急救时没有使触电者脱离电源，扣 30 分 (5)不清理触电者口腔异物者，扣 10 分		
实训报告	10	没按照报告要求完成或内容不正确，扣 10 分		
团结协作精神	10	小组成员分工协作不明确、不能积极参与，扣 10 分		
安全文明生产	10	违反安全文明生产规程，扣 5～10 分		
定额时间	30min；每超时 5min 及以内，按扣 5 分计算			
备注	除定额时间外，各项目的最高扣分不应超过配分		成绩	
开始时间		结束时间		班级		姓名	

1.2 常用电工工具使用技能实训

【实训目的】

（1）用低压验电器进行通电测试。

（2）熟悉电工刀、螺钉旋具、钢丝钳、剥线钳、活络扳手等常见工具使用方法。

　　① 练习用电工刀剖削废旧塑料硬线、塑料护套线、橡皮软线和铅包绝缘层。

　　② 练习用钢丝钳剖削废旧塑料硬线和塑料软线绝缘层。

　　③ 熟练导线连接方法。

【实训准备】

1）工具准备

电工刀、螺钉旋具、钢丝钳、剥线钳、活络扳手。

2）器材准备

电气实训台、导线。

1.2.1 常用工具使用

1）低压验电器使用

低压验电器又称验电笔，主要用来检查低压电气设备或低压线路是否带电。常用验电器外形有钢笔式、旋具式。一般钢笔式和旋具式的电笔，是由金属探头、氖管、安全电阻、笔尾的金属体、弹簧和观察小窗组成，弹簧与后端外部的金属部分相接触，如图 1-2-1 所示。

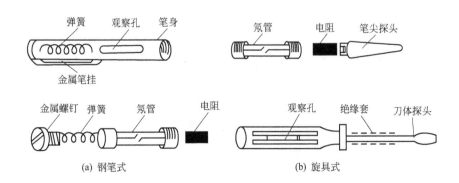

(a) 钢笔式　　　　　　　　　　(b) 旋具式

图 1-2-1 验电笔

使用验电笔时必须按照图 1-2-2 所示的正确方法进行操作，手指应触及笔尾的金属体，使氖管小窗背光朝向自己，以便于观察，当电笔触及带电体时，带电体经电笔、人体到大地形成通电回路，只要带电体与大地之间的电位差超过 60V，电笔中的氖管就能发出红色的辉光。

| 正确握法 | 正确握法 | 错误握法 | 错误握法 |

图 1-2-2　验电笔的握法

使用低压验电器的安全知识：使用验电笔前，一定要在有电的电源上检查氖泡能否正常发光；使用验电笔时，由于人体与带电体的距离较为接近，应防止人体与金属带电体的直接接触，更要防止手指皮肤触及笔尖金属体，以避免触电。

（1）区别相线与零线。在交流电路中，正常情况下，当验电笔触及相线时，氖管会发亮，触及零线时，氖管不会发亮。

（2）区别电压的高低。氖管发亮的强弱由被测电压高低决定，电压高氖管亮，反之则暗。

（3）区别直流电与交流电。交流电通过验电笔时，氖管中的两个电极同时发亮；直流电通过验电笔时，氖管中只有一个电极发亮。

（4）区别直流电的正负极。把验电笔连接在直流电的正负极之间，氖管发亮的一端即为直流电的负极。

（5）识别相线碰壳。用验电笔触及未接地的用电器金属外壳时，若氖管发亮强烈，则说明该设备有碰壳现象；若氖管发亮不强烈，搭接接地线后亮光消失，则该设备存在感应电。

（6）识别相线接地。在三相三线制星形交流电路中，用验电笔触及相线时，有两根比通常稍亮，另一根稍暗，说明亮度暗的相线有接地现象，但不太严重。如果有一根不亮，则这一相已完全接地。

2）电工刀使用

电工刀是电工在装配、维修工作时用于剖削电线绝缘外皮、割削绳索、木桩、木板等物品的常用工具。图 1-2-3 所示为电工刀外形结构。

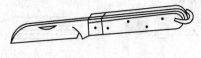

图 1-2-3　电工刀

使用电工刀时要注意以下事项。

刀口朝外进行操作，在剖削绝缘导线的绝缘层时，必须使圆弧状刀面贴在导线上，以免刀口损伤芯线。一般电工刀的刀柄是不绝缘的，因此严禁用电工刀在带电导体或器材上进行剖削作业，以防止触电。电工刀的刀尖是剖削作业的必需部位，应避免在硬器上划损或碰缺，刀口应经常保持锋利，磨刀宜用油石为好。

3）螺钉旋具使用

螺钉旋具又称螺丝刀、起子、螺钉批或旋凿，分为一字形和十字形两种，以配合不同槽型螺钉使用。常用的规格有：50、100、150、200（mm）等，电工不可使用金属杆直通柄顶的螺钉旋具（俗称通心螺钉旋具）。为了避免金属杆触及皮肤或邻近带电体，应在金属杆上加套绝缘管。不能用锤子打击螺钉旋具手柄，以免手柄破裂。不许用螺钉旋具代替凿子使用。螺钉旋具不能用于带电作业。其结构如图 1-2-4 所示。螺钉旋具的使用方法如图 1-2-5 所示。

(a) 十字口螺钉旋具　　　　　　　　　(b) 一字口螺钉旋具

图 1-2-4　螺钉旋具

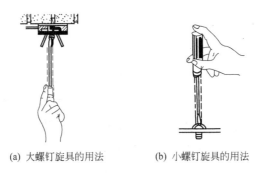

(a) 大螺钉旋具的用法　　　　　　(b) 小螺钉旋具的用法

图 1-2-5　螺钉旋具的使用方法

4）钢丝钳使用

钢丝钳是钳夹和剪切工具，由钳头和钳柄两部分组成，钳头包括钳口、齿口、刀口和侧口，其结构如图 1-2-6（a）所示。电工所用的钢丝钳，在钳柄上必须套有耐压为 500V 以上的绝缘套管，它的规格用全长表示，有 150、175、200（mm）三种。使用时的握法如图 1-2-6（b）所示，其刀口应朝向自己面部。

钢丝钳的功能较多：钳口主要用来弯绞或钳夹导线线头；齿口用来固紧或起松螺母；刀口用来剪切导线或剖切软导线绝缘层；铡口用来铡切导线线芯或铅丝、钢丝等较硬金属丝。图 1-2-7 标示出了各部分的用法。

有良好绝缘柄的钢丝钳，可在额定工作电压 500V 及以下的有电场合使用。电工钢丝钳各部分的用途如图 1-2-7 所示。用钢丝钳剪切带电导线时，不准用钳口同时剪切两根或两根以上的导线，以免相线间或相线与零线间发生短路故障。

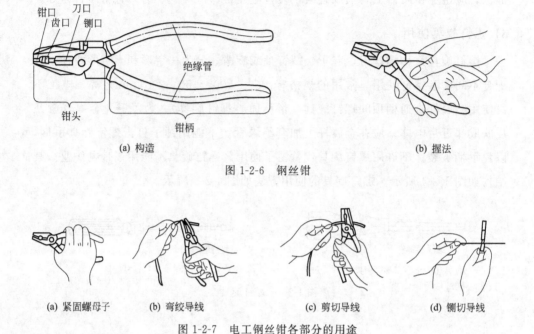

图 1-2-6　钢丝钳

(a) 构造　　　　　　　　　　　　　　(b) 握法

(a) 紧固螺母子　　(b) 弯绞导线　　(c) 剪切导线　　(d) 铡切导线

图 1-2-7　电工钢丝钳各部分的用途

5）剥线钳使用

剥线钳用来剥削截面为 6mm² 以下的塑料或橡胶绝缘导线的绝缘层，由钳头和钳柄两部分组成，如图 1-2-8 所示。钳头部分由压线口和切口构成，分为 0.5～3mm 的多个直径切口，用于不同规格的芯线剥削。

使用剥线钳时，左手持导线，右手握钳柄，右手向内紧握钳柄，导线端部绝缘层被剖断后自由飞出。使用时应将导线放在大于芯线直径的切口上切削，以免切伤芯线。剥线钳不能用于带电作业。

6）尖嘴钳使用

尖嘴钳如图 1-2-9 所示，头部尖细，适用于在狭小的工作空间操作，用来夹持较小的螺钉、垫圈、导线等，其握法与钢丝钳的握法相同。尖嘴钳的规格以全长表示，常用的有 130、160、180（mm）三种，电工用尖嘴钳在钳柄套有耐压强度为 500V 的绝缘套管。

尖嘴钳的用途如下。

① 有刃口的尖嘴钳能剪断细小金属丝。

② 钳嘴能用来夹持较小螺钉、垫圈、导线等元件。

③ 在装接控制电路板时，尖嘴钳能将单股导线弯成一定圆弧的接线鼻子。

7）断线钳使用

断线钳又称斜口钳，其头部扁斜，钳柄有铁柄、管柄和绝缘柄三种形式，其中电工用的绝缘柄断线钳的外形如图 1-2-10 所示，其耐压为 1000V。

图 1-2-8 剥线钳   图 1-2-9 尖嘴钳   图 1-2-10 断线钳

断线钳是专供剪断较粗的金属丝、线材及电线电缆等使用。

8）活络扳手使用

活络扳手是用来紧固和拧松螺母的一种专用工具，它由头部和柄部组成，而头部则由活络扳唇、呆扳唇、扳口、蜗轮和轴销等构成，如图 1-2-11 所示。旋动涡轮可以调节扳口的大小。常用的活络扳手有 150、200、250、300（mm）四种规格。由于它的开口尺寸可以在规定范围内任意调节，所以特别适用于在螺栓规格多的场合使用。

使用时应将扳唇紧压螺母的平面。扳动大螺母时，手应握在接近柄尾处。扳动较小螺母时，应握在接近头部的位置。施力时手指可随时旋调涡轮，收紧活络扳唇，以防打滑。

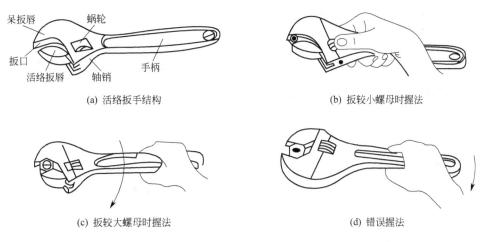

(a) 活络扳手结构   (b) 扳较小螺母时握法

(c) 扳较大螺母时握法   (d) 错误握法

图 1-2-11 活络扳手

1.2.2 导线接头绝缘层的剖削

绝缘导线连接前，应先剥去导线端部的绝缘层，并将裸露的导体表面清擦干净。剥去绝缘层的长度一般为 50～100mm，截面积小的单股导线剥去长度可以小些，截面积大的多股导线剥去长度应大些。

1）塑料硬线绝缘层的剖削

（1）4mm²及以下塑料硬线，其绝缘层一般用**钢丝钳**来剖削。剖削方法如下：

① 用左手捏住导线，根据所需线头长度用钢丝钳的钳口切割绝缘层，但不可切入芯线。

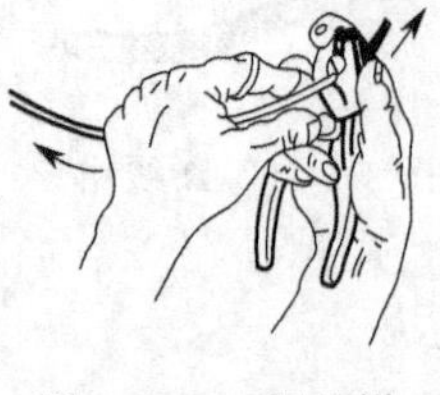

② 用右手握住钢丝钳头部用力向外移，勒去塑料绝缘层，如图 1-2-12 所示。

③ 剖削出的芯线应保持完整无损。如果芯线损伤较大，则应剪去该线头，重新剖削。

图 1-2-12　钢丝钳剖削塑料

（2）4mm²以上塑料硬线，可用电工刀来剖削其绝缘层，方法如下。

①根据所需线头长度，用电工刀以 45°角倾斜切入塑料绝缘层，如图 1-2-13（a）所示，应使刀口刚好削透绝缘层而不伤及芯线。

② 使刀面与芯线间的角度保持 45°左右，用力要均匀，向线端推削。注意不要割伤金属芯线，削去上面一层塑料绝缘，如图 1-2-13（b）所示。

③将剩余的绝缘层向后扳翻，如图 1-2-13（c）所示，然后用电工刀齐根削去。

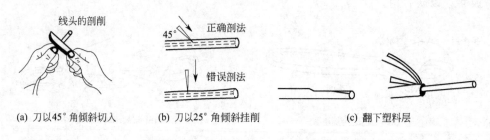

(a) 刀以45°角倾斜切入　　　(b) 刀以25°角倾斜挂削　　　(c) 翻下塑料层

图 1-2-13　电工刀剖削塑料硬线绝缘层

2）塑料软线绝缘层的剖削

塑料软线绝缘层只能用剥线钳或钢丝钳剖削。用钢丝钳剖削的剖削方法同塑料硬线。

剥线钳是用于剥削小直径导线头绝缘层的专用工具，一般在控制柜配线时用得最多。使用时，将要剥削的导线绝缘层长度定好，右手握住钳柄，用左手将导线放入相应的刃口槽中，右手将钳柄向内一握，导线的绝缘层即被剥割拉开，自动弹出，如图 1-2-14 所示。

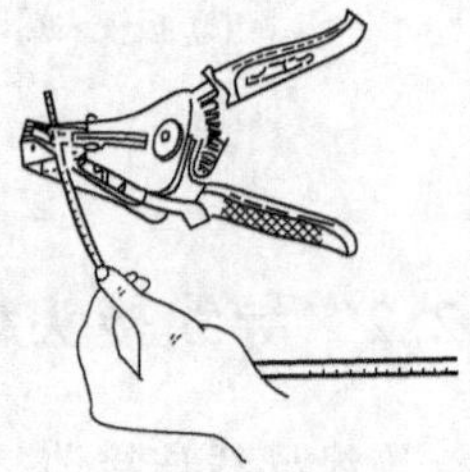

图 1-2-14　剥线钳的用法

注意，塑料软线绝缘层不可用电工刀来剖削，因为塑料软线太软，并且芯线又由多股导线组成，用电工刀剖削容易剖伤线芯。

3）塑料护套线绝缘层的剖削

塑料护套线绝缘层由公共护套层和每根芯线的绝缘层两部分组成。公共护套层只能用电工刀来剖削，剖削方法如下。

（1）按所需线头长度用电工刀刀尖对准芯线缝隙划开护套层。如图 1-2-15（a）所示。

（2）将护套层向后扳翻，用电工刀齐根切去，如图 1-2-15（b）所示。

（3）用钢丝钳或电工刀按照剖削塑料硬线绝缘层法，分别将每根芯线的绝缘层剖除。钢丝钳或电工刀切入绝缘层时，切口应距离护套层 5～10mm，如图 1-2-15（c）所示。

(a) 刀在芯线缝隙间划开护套层　　(b) 扳翻护套层并齐根切去　　(c) 剖削芯线绝缘层长度

图 1-2-15　塑料护套线绝缘层剖削

4）橡皮线绝缘层的剖削

橡皮线绝缘层外面有柔纤维编织保护层，切削方法如下。

（1）先按剖削护套线护套层的方法，用电工刀刀尖将编织保护层划开，并将其向后扳翻，再齐根切去。

（2）按剖削塑料线绝缘层的方法削去橡胶层。

（3）将棉纱层散开到根部，用电工刀切去。

5）花线绝缘层的剖削

花线绝缘层分外层和内层，外层是柔韧的棉纱编织物，内层是橡胶绝缘层和棉纱层。其剖削方法如下。

（1）在所需线头长度处用电工刀在棉纱织物保护层四周割切一圈，将棉纱织物拉去。

(a) 将棉纱层散开　　　　　　　　　(b) 割断棉纱层

图 1-2-16　花线绝缘层的剖削

（2）在距棉纱织物保护层 10mm 处，用钢丝钳的刀口切割橡胶绝缘层，注意不可损伤芯线，方法与图 1-2-12 所示相同。

（3）将露出的棉纱层松开，用电工刀割断，如图 1-2-16（a）、（b）所示。

6）铅包线绝缘层的剖削

铅包线绝缘层由外部铅包层和内部芯线绝缘层组成，内部芯线绝缘层用塑料（塑料护套）或橡胶（橡胶护套）制成。其剖削方法如下。

（1）先用电工刀将铅包层切割，如图 1-2-17（a）所示。

（2）用双手来回扳动切口处，使铅包层沿切口折断，把铅包层拉出来，如图 1-2-17（b）所示。

（3）内部绝缘层的剖削方法与塑料线绝缘层或橡胶绝缘的剖削方法相同，如图 1-2-17（c）所示。

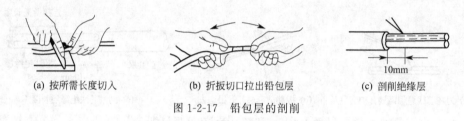

| (a) 按所需长度切入 | (b) 折扳切口拉出铅包层 | (c) 剖削绝缘层 |

图 1-2-17　铅包层的剖削

7）橡套软电缆绝缘层的剖削

橡套软线外包橡胶护套层，内部每根芯线上又有各自的橡胶绝缘层。其剖削方法如下。

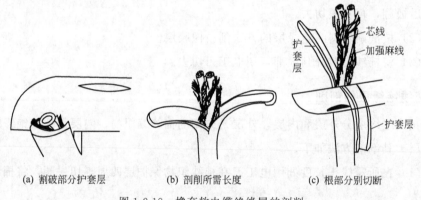

| (a) 割破部分护套层 | (b) 剖削所需长度 | (c) 根部分别切断 |

图 1-2-18　橡套软电缆绝缘层的剖削

（1）用电工刀从端头任意两芯线缝隙中割破部分护套层，如图 1-2-18（a）所示。

（2）把割破已可分成两片的护套层连同芯线一起进行反向分拉来撕破护套层，当撕拉难以破开护套层时，再用电工刀补割，直到所需长度时为止，如图 1-2-18（b）所示。

（3）扳翻已被分割的护套层，在根部分别切断，如图 1-2-18（c）所示。

（4）拉开护套层以后部分的剖削与花线绝缘层的剖削方法大体相同。

8）漆包线绝缘层的去除

漆包线绝缘层是喷涂在芯线上的绝缘层。线径不同，去除绝缘层的方法也不一样。直径在 1.0mm 以上的，可用细砂纸或细砂布擦除；直径为 0.6～1.0mm 的，可用专用刮线刀刮去，如图 1-2-19 所示。直径在 0.6mm 以下的，也可用细砂纸或细砂布擦除。操作时应细心，否则易造成芯线折断。有时为了保持漆包线芯直径的准确，也可用微火烤焦线头绝缘漆层，再将漆层轻轻刮去。注意不可用大火，以免芯线变形或烧断。

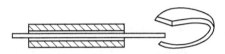

图 1-2-19　刮削漆包线线头绝缘层

1.2.3　导线连接

当导线不够长或要分接支路时，就要将导线与导线连接。常用绝缘导线的芯线股数有单股、7 股和 19 股等多种，其连接方法随芯线材质与股数的不同而各不相同。

1）铜芯导线的连接

根据铜芯导线股数的不同，有以下几种连接方法。

（1）单股铜芯导线的直线连接

连接时，先将两导线芯线线头成 X 形相交，如图 1-2-20（a）所示；互相绞合 2～3 圈后扳直两线头，如图 1-2-20（b）所示；将每个线头在另一芯线上紧贴并绕 6 圈，用钢丝钳切去余下的芯线，并钳平芯线末端，如图 1-2-20（c）所示。

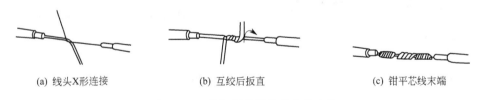

　(a) 线头X形连接　　　　　　(b) 互绞后扳直　　　　　　(c) 钳平芯线末端

图 1-2-20　单股铜芯导线的直线连接

（2）单股铜芯导线的 T 字分支连接

将支路芯线的线头与干线芯线十字相交，在支路芯线根部留出 5mm，然后顺时针方向缠绕支路芯线，缠绕 6～8 圈后，用钢丝钳切去余下的芯线，并钳平芯线末端。如果连接导线截面较大，两芯线十字交叉后直接在干线上紧密缠 8 圈即可，如图 1-2-21（a）所示。小截面的芯线可以不打结，见图 1-2-21（b）。

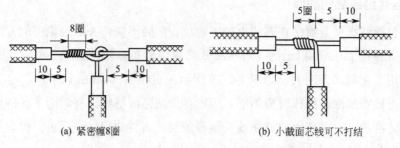

(a) 紧密缠8圈   (b) 小截面芯线可不打结

图 1-2-21　单股铜芯导线的 T 字分支连接

（3）双股线的对接

将两根双芯线线头剖削成图 1-2-22 所示的形式。连接时，将两根待连接的线头中颜色一致的芯线按小截面直线连接方式连接。用相同的方法将另一颜色的芯线连接在一起。

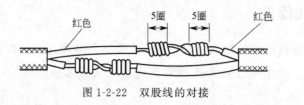

图 1-2-22　双股线的对接

（4）7 股铜芯导线的直线连接

先将剥去绝缘层的芯线头散开并拉直，再把靠近绝缘层 1/3 线段的芯线铰紧，然后把余下的 2/3 芯线头按图 1-2-23（a）所示分散成伞状，并将每根芯线拉直。把两伞骨状线端隔根对叉，必须相对插到底，并拉平两端芯线，如图 1-2-23（b）所示。捏平叉入后的两侧所有芯线，并应理直每股芯线和使每股芯线的间隔均匀，同时用钢丝钳钳紧叉口处以消除空隙，如图 1-2-23（c）所示。

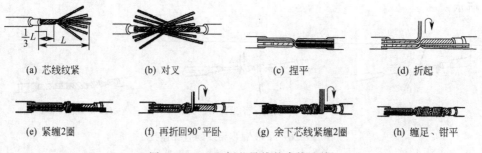

(a) 芯线纹紧   (b) 对叉   (c) 捏平   (d) 折起

(e) 紧缠2圈   (f) 再折回90°平卧   (g) 余下芯线紧缠2圈   (h) 缠足、钳平

图 1-2-23　7 股铜芯导线的直线连接

先在一端把邻近两股芯线在距叉口中线约 3 根单股芯线直径宽度处折起，并形成 90°，如图 1-2-23（d）所示。接着把这两股芯线按顺时针方向紧缠 2 圈后，再折回 90°并平卧在折起前的轴线位置上，如图 1-2-23（e）所示。接着把处于紧挨平卧前邻近的 2 根芯线折成 90°，再把这两股芯线按顺时针方向紧缠 2 圈后，

再折回 90°并平卧在折起前的轴线位置上，如图 1-2-23（f）所示。把余下的 3 根芯线按顺时针方向紧缠 2 圈后，把前 4 根芯线在根部分别切断，并钳平，如图 1-2-23（g）所示。接着把 3 根芯线缠足 3 圈，然后剪去余端，钳平切口，不留毛刺，如图 1-2-23（h）所示。用同样的方法再缠绕另一侧芯线。

（5）7 股铜芯导线的 T 字分支连接

将分支芯线散开并拉直，再把紧靠绝缘层 1/8 线段的芯线铰紧，把剩余 7/8 的芯线分成两组，一组 4 根，另一组 3 根，排齐。用旋凿把干线的芯线撬开分为两组，再把支线中 4 根芯线的一组插入干线芯线中间，而把 3 根芯线的一组放在干线芯线的前面，如图 1-2-24（a）所示。把 3 根芯线的一组在干线右边按顺时针方向紧紧缠绕 3～4 圈，并钳平线端；把 4 根芯线的一组在干线芯线的左边按逆时针方向缠绕，如图 1-2-24（b）所示。逆时针方向缠绕 4～5 圈后，钳平线端，如图 1-2-24（c）所示。

(a) 分开干线芯线　　　　　　(b) 逆时针方向缠绕　　　　　　(c) 缠绕钳平

图 1-2-24　7 股铜芯导线的 T 字分支连接

（6）19 股铜芯导线的直线连接

19 股铜芯导线的直线连接与 7 股铜芯导线的直线连接方法基本相同。由于 19 股导线的股数较多，可剪去中间的几股，按要求在根部留出长度绞紧，隔股对叉，分组缠绕。连接后，在连接处应进行钎焊，以增加其机械强度和改善其导电性能。

（7）19 股铜芯导线的 T 字分支连接

19 股铜芯导线的 T 字分支连接与 7 股铜芯导线的 T 字分支连接方法也基本相同，只是将支路芯线按 9 根和 10 根分成两组，将其中一组穿过中缝后，沿干线两边缠绕。连接后，也应进行钎焊。

（8）不等径铜导线的连接

如果要连接的两根铜导线的直径不同，可把细导线线头在粗导线线头上紧密缠绕 5～6 圈，弯折粗线头端部，使它压在缠绕层上，再把细线头缠绕 3～4 圈，剪去余端，钳平切口即可，如图 1-2-25 所示。

图 1-2-25　不等径铜导线的连接

（9）软线与单股硬导线的连接

连接软线和单股硬导线时，可先将软线拧成单股导线，再在单股硬导线上缠绕 7～8 圈，最后将单股硬导线向后弯曲，以防止绑线脱落，如图 1-2-26 所示。

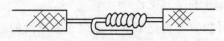

图 1-2-26　软线与单股硬导线的连接

（10）铜芯导线接头的锡焊

① 电烙铁锡焊。通常，截面为 $10mm^2$ 及以下的铜芯导线接头，可用 150W 电烙铁进行锡焊。焊接前，先清除接头上的污物，然后在接头处涂上一层无酸焊锡膏，待电烙铁烧热后，即可锡焊。

② 浇焊。截面为 $16mm^2$ 及以上的铜芯导线接头，应实行浇焊。浇焊时，先将焊锡放在化锡锅内，用喷灯或在电炉上熔化。当熔化的锡液表面呈磷黄色，就表明锡液已到高温。此时可将导线接头放在锡锅上面，用勺盛上锡液，从接头上浇下，如图 1-2-27 所示，直到完全焊牢为止。最后用清洁的抹布轻轻擦去焊渣，使接头表面光滑。

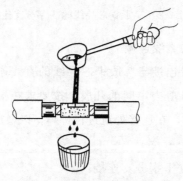

图 1-2-27　铜芯导线接头浇焊法

2）铝芯导线的连接

由于铝的表面极易氧化，而氧化薄膜的电阻率又很高，所以铝芯导线主要采用压接管压接和沟线夹螺栓压接。

3）铜（导线）、铝（导线）之间的连接

铜导线与铝导线连接时，要采取防电化学腐蚀的措施。

4）线头与接线端子（接线桩）的连接

通常，各种电气设备、电气装置和电器用具均设有供连接导线用的接线端子。常见的接线端子有柱形端子和螺钉端子两种，如图 1-2-28 所示。

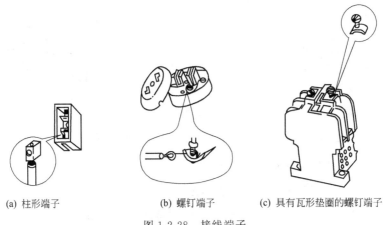

(a) 柱形端子	(b) 螺钉端子	(c) 具有瓦形垫圈的螺钉端子

图 1-2-28 接线端子

（1）线头与针孔接线柱的连接

端子板、某些熔断器、电工仪表等的接线，大多利用接线部位的针孔，并用压接螺钉来压住线头以完成连接。如果线路容量小，可只用一只螺钉压接；如果线路容量较大或对接头质量要求较高，则使用两只螺钉压接。

单股芯线与接线柱连接时，最好按要求的长度将线头折成双股并排插入针孔，使压接螺钉顶紧在双股芯线的中间。如果线头较粗，双股芯线插不进针孔，也可将单股芯线直接插入，但芯线在插入针孔前，应朝着针孔上方稍微弯曲，以免压紧螺钉稍有松动线头就脱出，如图 1-2-29 所示。

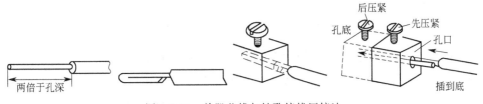

图 1-2-29 单股芯线与针孔接线压接法

多股芯线与接线柱连接时，必须把多股芯线按原拧紧方向，用钢丝钳进一步铰紧，以保证压多股芯线受压紧螺钉顶压时而不致松散。由于多股芯线的载流量较大，孔上部往往有两个压紧螺钉，连接时应先拧紧第一枚螺钉（近端口的一枚），后拧紧第二枚，然后再加拧第一枚和第二枚，要反复加拧两次。此时应注意，针孔与线头的大小应匹配，如图 1-2-30（a）所示。如果针孔过大，则可选一根直径大小相宜的导线作为绑扎线，在已绞紧的线头上紧紧地缠绕一层，使线头大小与针孔匹配后再进行压接，如图 1-2-30（b）所示。如果线头过大，插不进针孔，则可将线头散开，适量剪去中间几股，如图 1-2-30（c）所示，然后将线头铰紧就可进行压接。通常 7 股芯线可剪去 1～2 股，19 股芯线可剪去 1～7 股。

无论是单股芯线还是多股芯线，线头插入针孔时必须到底，导线绝缘层不得

 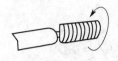 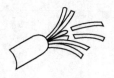

(a) 针孔合适的连接　　　　(b) 针孔过大时线头的处理　　　(c) 针孔过小时线头的处理

图 1-2-30　多股芯线与针孔接线柱连接

插入孔内，针孔外的裸线头长度不得超过 3mm。

（2）线头与螺钉平压式接线柱的连接

单股芯线（包括铝芯线）与螺钉平压式接线柱，是利用半圆头、圆柱头或六角头螺钉加垫圈将线头压紧完成连接的。对载流量较小的单股芯线，先将线头弯成压接圈（俗称羊眼圈），再用螺钉压紧。为保证线头与接线柱有足够的接触面积，日久不会松动或脱落，压接圈必须弯成圆形。单股芯线压接圈弯法如图 1-2-31 所示。

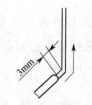

(a) 离绝缘层根部约30mm　　(b) 按略大于螺钉弯曲圆弧　　(c) 剪去芯线余端　　(d) 修正圆圈成圆
　　处向外侧折角

图 1-2-31　单股芯线压接圈弯法

图 1-2-32 所示的 8 种压接圈都不规范，其中：图（a）的压接圈不完整，接触面积太小；图（b）的线头根部太长，易与相邻导线碰触造成短路；图（c）的导线余头太长，压不紧，且接触面积小；图（d）的压接圈内径太小，套不进螺钉；图（e）的压接圈不圆，压不紧，易造成接触不良；图（f）的余头太长，易发生短路或触电事故；图（g）只有半个圆圈，压不住；图（h）的软线线头未拧紧，有毛刺，易造成短路。

对于横截面不超过 10mm^2 的 7 股及以下多股芯线，应按图 1-2-33 所示弯制压接圈。把离绝缘层根部约 1/2 长的芯线重新铰紧，越紧越好，图 1-2-33（a）所示；铰紧部分的芯线，在离绝缘层根部 1/3 处向左外折角，然后弯曲圆弧，如图 1-2-33（b）所示；当圆弧弯曲得将成圆圈（剩下 1/4）时，应将余下的芯线向右外折角，然后使其成圆，捏平余下线端，使两股芯线平行，如图 1-2-33（c）所示；把散开的芯线按 2、2、3 根分成三组，将第一组两根芯线扳起，垂直于芯线，要留出垫圈边宽，如图 1-2-33（d）所示；按 7 股芯线直线对接的自缠法加工，如图 1-2-33（e）所示。图 1-2-33（f）是缠成后的 7 股芯线压接圈。

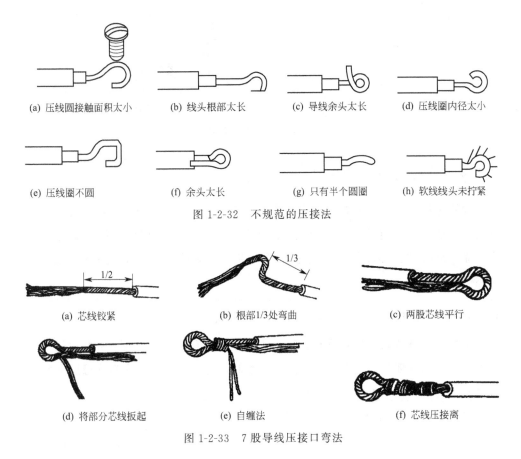

(a) 压线圆接触面积太小　　(b) 线头根部太长　　(c) 导线余头太长　　(d) 压线圈内径太小

(e) 压线圈不圆　　　　(f) 余头太长　　　　(g) 只有半个圆圈　　　　(h) 软线线头未拧紧

图 1-2-32　不规范的压接法

(a) 芯线铰紧　　　　　　(b) 根部1/3处弯曲　　　　　(c) 两股芯线平行

(d) 将部分芯线扳起　　　　(e) 自缠法　　　　　　(f) 芯线压接离

图 1-2-33　7 股导线压接口弯法

对于横截面超过 10mm² 的 7 股以上软导线端头，应安装接线耳。

软导线线头也可用螺钉平压式接线柱连接。软导线线头与压接螺钉之间的连接方法如图 1-2-34 所示，其工艺要求与上述多股芯线的压接相同。

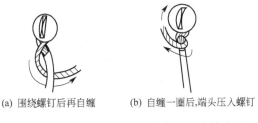

(a) 围绕螺钉后再自缠　　　　(b) 自缠一圈后，端头压入螺钉

图 1-2-34　软导线线头与压接螺钉的连接方法

（3）线头与瓦形接线柱的连接

瓦形接线柱的垫圈为瓦形。为了保证线头不从瓦形接线柱内滑出，压接前应先将已去除氧化层和污物的线头弯 U 形，然后将其卡入瓦形接线柱内进行压接，如图 1-2-35（a）所示。如果需要把两个线头接入一个瓦形接线柱内，则应使两个弯成 U 形的线头重合，然后将其卡入瓦形垫圈下方进行压接，如图 1-2-35（b）所示。

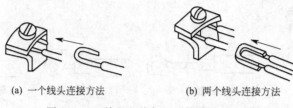

(a) 一个线头连接方法　　　　(b) 两个线头连接方法

图 1-2-35　单股芯线与瓦形接线柱的连接

1.2.4　导线绝缘层的恢复

导线绝缘层破损和导线接头连接后均应恢复绝缘层。恢复后的绝缘层的绝缘强度不应低于原有绝缘层的绝缘强度。恢复导线绝缘层常用的绝缘材料是黄蜡带、涤纶薄膜带和黑胶带，黄蜡带和黑胶带选用规格为 20mm 宽的较为适宜，包缠也方便。

1）绝缘带包缠方法

包缠时，将黄蜡带从导线左边完整的绝缘层上开始，包缠两个带宽后就可进入连接处的芯线部分。包至连接处的另一端时，也同样应包入完整绝缘层上两个带宽的距离，如图 1-2-36（a）所示。

包缠时，绝缘带与导线应保持约 55°的倾斜角，每圈包缠压叠带宽的 1/2，如图 1-2-36（b）所示。包缠一层黄蜡带后，将黑胶带接在黄蜡带的尾端，按另一斜叠方向包缠一层黑胶带，也要每圈压叠带宽的 1/2，如图 1-2-36（c）所示。

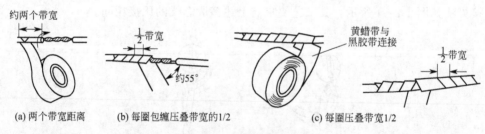

(a) 两个带宽距离　　(b) 每圈包缠压叠带宽的1/2　　(c) 每圈压叠带宽1/2

图 1-2-36　绝缘带包缠方法

2）绝缘带包缠注意事项

（1）恢复 380V 线路上的导线绝缘时，必须先包缠 1～2 层黄蜡带（或涤纶薄膜带），然后再包缠一层黑胶带。

（2）恢复 220V 线路上的导线绝缘时，先包缠一层黄蜡带（或涤纶薄膜带），然后再包缠一层黑胶带，也可只包缠两层黑胶带。

（3）包缠绝缘带时，不可出现图 1-2-37 所示的几种缺陷，特别是不能过疏，更不允许露出芯线，以免发生短路或触电事故。

（4）绝缘带不可保存在温度很高的地点，也不可被油脂浸染。

图 1-2-37 绝缘带包缠常见缺陷

【实训考核】

按表 1-2-1 技能考核及评分标准内容进行评分。

表 1-2-1 技能考核及评分标准

名称	配分	技能考核标准	扣分	得分
低压验电器使用	20	以下判断错误一处扣 5 分 ①区别相线与零线 ②区别电压的高低 ③区别直流电与交流电 ④区别直流电的正负极 ⑤识别相线碰壳 ⑥识别相线接地		
电工刀使用 螺钉旋具使用 剥线钳使用	50	(1)绝缘层的剥削 ①方法不正确扣 5 分 ②导线损伤，每处扣 5 分 ③断线扣 10 分 (2)导线的连接 ①方法不正确扣 20 分 ②不整齐扣 10 分 ③连接不紧、不平整、不规范，每处扣 5 分 (3)接线柱连接 ①羊眼圈大小不合适扣 5 分 ②羊眼圈不圆整扣 5 分 ③反圈扣 5 分 ④连接不紧、不平整、不规范，每处扣 5 分 (4)恢复绝缘层 ①包缠方法不正确扣 10 分 ②渗水扣 15 分		
实训报告	10	没按照报告要求完成或内容不正确，扣 10 分		
团结协作精神	10	小组成员分工协作不明确、不能积极参与，扣 10 分		
安全文明生产	10	违反安全文明生产规程，扣 5～10 分		
定额时间		30min；每超时 5min 及以内，按扣 5 分计算		
备注		除定额时间外，各项目的最高扣分不应超过配分	成绩	
开始时间		结束时间	班级	姓名

1.3 常用仪表使用实训

【实训目的】

① 掌握万用表交直流电压挡的使用方法；能根据被测对象合理选择挡位和量程；准确、迅速地读取数据；运用有效数字记录测量结果。

② 掌握兆欧表使用方法，进行对地电阻测试，测量电动机的绝缘电阻。

③ 掌握钳形电流表使用方法，进行电流测量。

【实训准备】

1）器材准备

直流稳压电源、低压交流电源、三相异步电动机、电机启动盘、导线。

2）仪表准备

MF47 型指针万用表、DT9205 数字万用表、钳形电流表、兆欧表。

3）工具准备

剥线钳、螺钉旋具、

万用表又称多用表，用来测量直流电流、直流电压和交流电流、交流电压、电阻等，有的万用表还可以用来测量电容、电感，以及晶体二极管、三极管的某些参数。

1.3.1 MF-47 型指针万用表使用

指针式万用表主要由表盘、转换开关、表笔和测量电路（内部）四个部分组成，常用的万用表如图 1-3-1 所示，下面以 MF-47 型万用表为例作介绍。

1）电阻测量步骤

（1）安装好电池（注意电池正负极）；插好表笔："－"黑；"＋"红。

（2）机械调零：万用表在测量前，应注意水平放置时，查看表头指针是否处于交直流挡标尺的零刻度线上，否则读数会有较大的误差。若不在零位，应通过机械调零的方法（即使用小螺钉旋具调整表头下方机械调零旋钮）使指针回到零位。如图 1-3-2 所示。

（3）量程的选择

① 试测：先粗略估计所测电阻阻值，再选择合适量程，如果被测电阻不能

(a) MF-47型万用表外形结构　　　　　　　　(b) 万用表的内部结构

图 1-3-1　MF-47 型万用表结构

图 1-3-2　MF-47 型万用表机械调零

估计其值，一般情况将开关拨在 R×100 或 R×1k 的位置进行初测，然后看指针是否停在中线附近，如果是，说明挡位合适。

　　② 选择正确挡位，如图 1-3-3 所示。

图 1-3-3　MF-47 型万用表挡位选择

（4）欧姆调零：量程选准以后，在正式测量之前必须调零，否则测量值会有误差。

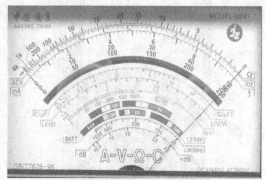

图 1-3-4　MF-47 型万用表欧姆调零

调整方法：将红黑两笔短接、查看指针是否指在零刻度位置，如果不是，则调节欧姆调零旋钮，使其指在零刻度位置。注意：如果重新换挡以后，在正式测量之前也必须调零一次。

（5）连接电阻测量。注意：不能带电测量；被测电阻不能有并联支路。

图 1-3-5　MF-47 型万用表电阻测量

（6）读数。如图 1-3-5 所示的 MF-47 型万用表电阻测量图中，其刻度值大约为 18，挡位（倍数）为 10k，所以测图中万用表读数为

$$阻值＝刻度值 \times 倍率$$

$$阻值＝18 \times 10k＝180k\Omega$$

（7）挡位复位。将挡位开关放在 OFF 位置或放在交流电压 1000V 挡。

2）电压、电流测量步骤

对利用万用表测量电压与电流的方法，基本与电阻测量方法一致，只是在挡位选择时注意要选择合适的挡位，对应所选择挡位在刻度盘上读数，并与挡位倍数相乘，得到最后的测量结果。注意如下几点要求。

（1）在进行电压测量时，万用表与被测电压为并联关系，对于直流电压测量时，要注意电源正负极不要接反，红表笔对应电源正极，黑表笔对应电源负极。

（2）在进行电流测量时为串联关系，对于直流电流测量时，要注意电流从红表笔流入，黑表笔流出，不要接反。

（3）对于交流电压与电流测量，对极性无要求，但是在交流测量时往往数值较大，应选择合适的挡位，避免损坏仪表。

3）MF-47 型万用表操作中的注意事项

（1）进行测量前，先检查红、黑表笔连接的位置是否正确。红色表笔接到红色接线柱或标有"＋"号的插孔内，黑色表笔接到黑色接线柱或标有"－"号的插孔内，不能接反，否则在测量直流电量时会因正负极的反接而使指针反转，损坏表头部件。

（2）在表笔连接被测电路之前，一定要查看所选挡位与测量对象是否相符，否则，误用挡位和量程，不仅得不到测量结果，而且还会损坏万用表。在此提醒初学者，万用表损坏往往就是上述原因造成的。

（3）测量时，必须用右手握住两支表笔，手指不要触及表笔的金属部分和被测元器件。

（4）测量中若需转换量程，必须在表笔离开电路后才能进行，否则选择开关转动产生的电弧易烧坏选择开关的触点，造成接触不良的事故。

（5）在实际测量中，经常要测量多种电量，每一次测量前，都要注意根据每次测量任务，把选择开关转换到相应的挡位和量程，这是初学者最容易忽略的环节。

1.3.2　DT9205 数字万用表使用

1）DT9205 数字万用表结构

如图 1-3-6 所示是数字万用表外观图，与 MF-47 指针型万用表相比较，其基本布局是一样的，只是在显示部分以数码显示，比 MF-47 指针型万用表刻度盘读数更加直观、准确。

2）测量方法

对于数字万用表测量电压、电流、电阻方法，与 MF-47 指针型万用表测量方法基本一致。只是在挡位选择上有所区别，MF-47 指针型万用表挡位是倍数关系，而数字万用表挡位是最大刻度。

3）DT9205 数字万用表使用注意事项

（1）如果无法预先估计被测电压或电流的大小，则应先拨至最高量程挡测量一次，再视情况逐渐把量程减小到合适位置。测量完毕，应将量程开关拨到最高电压挡，并关闭电源。

（2）满量程时，仪表仅在最高位显示数字"1"，其他位均消失，这时应选择更高的量程。

（3）测量电压时，应将数字万用表与被测电路并联。测电流时应与被测电路串联，测直流量时不必考虑正、负极性。

（4）当误用交流电压挡去测量直流电压，或者误用直流电压挡去测量交流电压时，显示屏将显示"000"，或低位上的数字出现跳动。

（5）禁止在测量高电压或大电流时换量程，以防止产生电弧，烧毁开关触点。

（6）当显示"▭"、"BATT"或"LOW BAT"时，表示电池电压已经低于工作电压了。

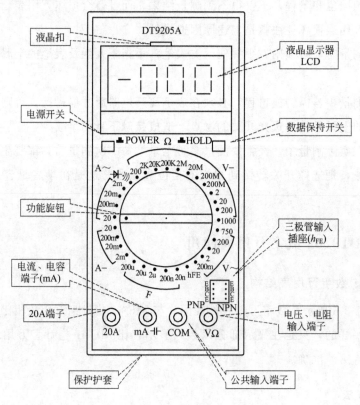

图 1-3-6　数字万用表外观图

1.3.3　兆欧表使用

兆欧表俗称摇表，它是用于测量各种电气设备绝缘电阻的仪表。

电气设备绝缘性能的好坏，直接关系到设备的运行安全和操作人员的人身安全。为了对绝缘材料因发热、受潮、老化、腐蚀等原因所造成的损坏进行监测，需要经常测量电气设备的绝缘电阻。测量绝缘电阻应在规定的耐压条件下进行，所以必须采用备有高压电源的兆欧表，而不用万用表测量。

一般绝缘材料的电阻都在（$10^6\Omega$）以上，所以兆欧表标度尺的单位以兆欧（$M\Omega$）。

1）兆欧表的接线和测量方法

兆欧表有三个接线头。其中两个较大的接线柱上标有"接地 E"和"线路 L"，另一个较小的接线柱上标有"保护环"或"屏蔽"，如图 1-3-7 所示。

（1）测量照明或电力线路对地的绝缘电阻。按图 1-3-8（a）把线路接好，顺时针摇把，转速由慢变快，约 1min 后，发电机转速稳定时（120r/min），表针也稳定下来，这时表针指示的数值就是所测得的电线与大地间的绝缘电阻。

（2）测量电动机的绝缘电阻。将兆欧表的接地柱 E 接机壳，L 接点击的绕组，如图 1-3-8（b）所示，然后进行摇测。

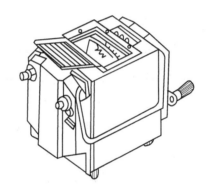

图 1-3-7　兆欧表

（3）测量电缆的绝缘电阻　测量电缆的线芯和外壳的绝缘电阻时，除将外壳接 E、线芯接 L 外，中间的绝缘层还需和 G 相接，如图 1-3-8（c）所示。

2）兆欧表的选用

根据测量要求选择兆欧表的额定电压等级。测量额定电压在 500V 以下的设备或线路的绝缘电阻时，选用电压等级为 500V 或 1000V 的兆欧表；测量额定电压在 500V 以上的设备或线路的绝缘电阻时，应选用 1000～2500V 的兆欧表。通常在各种电器和电力设备的测试检修规程中，都规定有应使用何种额定电压等级

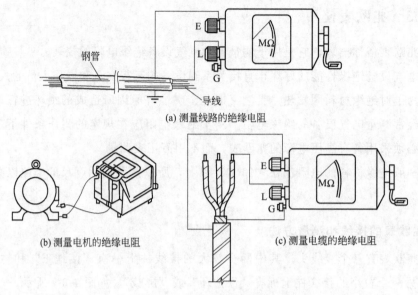

(a) 测量线路的绝缘电阻

(b) 测量电机的绝缘电阻　　　　　　　　(c) 测量电缆的绝缘电阻

图 1-3-8　兆欧表的接线图

的兆欧表。

选择兆欧表时，要注意不要使测量范围超出被测绝缘电阻值过大，否则读数将产生较大的误差。有些兆欧表的标尺不是从 0 开始，而是从 1MΩ 或 2MΩ 开始的，这种兆欧表不适合测量处于潮湿环境中低压电气设备的绝缘电阻。

3）使用兆欧表时的注意事项

测量电气设备绝缘电阻时，必须先断电，经短路放电后才能测量。

测量时兆欧表应放在水平位置上，未接线前先转动兆欧表做开路试验，看指针是否指在"∞"处，再把 L 和 E 短接，轻摇发电机，看指针是否为"0"，若开路指"∞"，短路指"0"，则说明兆欧表是好的。

兆欧表接线柱的引线应采用绝缘良好的多股软线，同时各软线不能绞在一起。

兆欧表测完后应立即将被测物放电，在兆欧表摇把未停止转动和被测物未放电前，不用手去触及被测物的测量部分或进行拆除导线，以防触电。

测量时，摇动手柄的速度由慢逐渐加快，并保持每分钟 120 转左右的转速约 1 分钟，这时的读数较为准确。如果被测物短路，指针指零，应立即停止摇动手柄，以防发热烧坏表内线圈。

在测量了电容器、较长的电缆等设备的绝缘电阻后，应先将"线路 L"的连接线断开，再停止摇动，以避免被测设备向兆欧表倒充电而损坏仪表。

测量电解电容的介质绝缘电阻时，应按电容器耐压的高低选用兆欧表。接线时，使 L 端与电容器的正极相连接，E 端与负极连接，切不可反接，否则会使电容器击穿。

1.3.4 钳形电流表使用

钳形电流表也是一种便携式电表,主要用于在要求不断开电路的情况下,测量正在运行的电气电路中具有安培级电流。测量时只要将被测导线夹于钳口中,便可读数。钳形表的结构如图1-3-9所示。

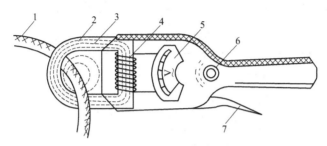

图 1-3-9 钳形表的结构图

1—载流导线;2—铁芯;3—磁通;4—线圈;5—电流表;

6—改变量程的旋钮;7—扳手

测量交流电流的钳形表实质上是由一个电流互感器和一个整流式仪表所组成。被测载流导线相当于电流互感器的一次绕组,绕在钳形表铁芯上的线圈相当于电流互感器的二次绕组。当被测载流导线夹于钳口中时,二次绕组便感应出电流,使指针偏转,指示出被测电流值。

测量交、直流电流的是一个电磁式仪表,放置在钳口中的被载流导线作为励磁线圈,磁通在铁芯中形成回路,电磁式测量机构位于铁芯的缺口中间,受磁场的作用而偏转,获得读数。因其偏转不受测量电流种类的影响,所以可测量交直流。

钳形电流表的使用注意事项如下。

(1)测量前,应检查仪表指针是否在零位,若不在零位,应调至零位。

(2)测量时应先估计被测量值的大小,将量程旋钮置于合适的挡位。若测量值暂不能确定,应将量程旋至最高挡,然后根据测量值的大小,变换至合适的量程。

(3)测量电流时,应将被测载流导线置于钳口的中心位置,以免产生误差。

(4)为使读数准确,钳口的两个面应接触良好。若有杂声,可将钳口重新开合一次。

(5)测量后一定要把量程旋钮置于最大量程挡,以免下次使用时,由于未经量程选择而损坏仪表。

(6)被测电流过小(小于5A)时,为了得到较准确的读数,若条件允许,可将被测导线绕几圈后套进钳口进行测量。此时,钳形表读数除以钳口内的导线根数,即为实际电流值。

（7）不要在测量过程中切换量程。不可用钳形表去测量高压电路,否则要引起触电,造成事故。

【实训考核】

按表 1-3-1 交流接触器的拆装与检修技能考核标准进行评分。

表 1-3-1　交流接触器的拆装与检修技能考核标准

名　　称	配分	技能考核标准	扣分	得分
万用表测量	40	1. 电阻测量 (1)测量前不调零,扣 5 分 (2)测量时不选择挡位,扣 5～10 分 (3)测量值不准确,扣 10 分 (4)测量后不关闭挡位,扣 10 分 (5)损坏仪表零部件,扣 10 分 2. 电压、电流测量 (1)测量前不选择挡位,扣 20 分 (2)测量直流电时不分正负极,扣 10 分 (3)测量电压时串连接入,扣 5 分 (4)测量电流时并连接入,扣 5 分 (5)损坏仪表零部件,扣 10 分 (6)扩大故障(不能修复),扣 20 分		
兆欧表测量	20	(1)测量前没有测试仪表好坏,扣 5 分 (2)测量时接线错误,扣 20 分 (3)测量时摇动手柄过快,扣 5 分 (4)读数错误,扣 10 分 (5)损坏仪表零部件,扣 10 分 (6)扩大故障(不能修复),扣 20 分		
钳形电流表测量	10	(1)测量前不调零,扣 5 分 (2)挡位选择错误,扣 5 分 (3)读数错误,扣 5 分 (4)在测量时切换挡位,扣 5 分 (5)测量后挡位无回复,扣 5 分		
实训报告	10	没按照报告要求完成或内容不正确,扣 10 分		
安全文明生产	10	违反安全文明生产规程,扣 5～10 分		
定额时间		30min;每超时 5min 及以内,按扣 5 分计算		
备注		除定额时间外,各项目的最高扣分不应超过配分	成绩	
开始时间		结束时间		班级		姓名	

项目 2

电气控制实训

【项目描述】

电气控制指的是通过控制电气设备的电压、电流、频率、通断、联锁、速度等，完成工艺过程的动作要求。本项目了解常用低压电器性能与特点，并利用低压电器完成基础电气控制电路配盘，提高学生实际动手能力，为考取维修电工技能证书做准备。

【项目目标】

① 了解各种低压电器使用方法及特性。

② 掌握各种电气控制电路原理及连接实际电路。

③ 完成各种电气控制电路实际接线配盘，会检查错误并修正。

④ 按照安装工艺要求完成配线。

2.1　常用低压电器维护实训

【实训目的】

① 区别刀闸开关、组合开关、空气开关、按钮开关等几种开关，并对其拆装练习。

② 掌握自动低压电器：交流接触器、热继电器、空气开关、时间继电器工作过程。拆卸器件观察并组装复原。

③ 对损坏的电器进行维修。

【实训准备】

1）电气元件准备

使用的主要电气元件见表2-1-1。

表 2-1-1 电气元件明细

代号	名称	推荐型号	推荐规格	数量
QF	低压断路器	DZ10-100	三相、额定电流 15A	1
QS	组合开关	HZ10-25/3	三极、380V、25A	1
FU	螺旋式熔断器	RL1-15/2	380V、15A、配熔体额定电流 2A	2
KM	交流接触器	CJ10-20	20A、线圈电压 380V	1
SB	按钮	LA10-3H	保护式、按钮数 3	1
FR	热继电器	JR16-20/3	三极、20A、整定电流 11.6A	1

2）工具准备

测电笔、螺钉旋具、尖嘴钳、斜口钳、剥线钳、电工刀等。

3）仪表准备

MF-47 型万用表（或数字式万用表 DT9205）。

2.1.1 手动操作控制器件认知

1）刀闸开关认知

刀闸开关是手动操作的控制器件中结构最简单的一种。刀闸开关种类很多。按照刀闸开关的刀片投向分类，可分为单投和双投两类；按照刀闸开关的刀片数量分类，可分为单极、双极、三极三类；按照刀闸开关的基本结构分类，可分为胶盖瓷底座刀闸开关（如图 2-1-1 所示）、铁壳刀闸开关（铁壳开关）、理石刀闸开关、杠杆刀闸开关四类。

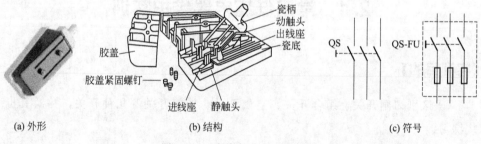

(a) 外形   (b) 结构   (c) 符号

图 2-1-1 胶盖瓷底座刀闸开关

2）组合开关认知

组合开关是一种结构更紧凑的手动主令开关。它是由装在同一根轴上的单个或多个单极旋转开关叠装在一起组成的。当旋转轴端手柄（或旋钮）时，固定在轴上的动触片有规律地脱离开相应的静触片，或者动触片有规律地插入相应的静触片，从而有规律地断开电路，或者接通电路。为了使开关切断电流时，将其产生的电弧迅速熄灭，在开关的转轴上（靠近动触片部位）都装有灭弧室。

根据组合开关在电路中的不同作用，组合开关图形与文字符号有两种。当在电路中用作隔离开关时，其图形符号如图 2-1-2（c）所示，其文字标注符号为 QS，有单极、双极和三极之分，机床电气控制线路中一般采用三极组合开关。组合开关用作转换开关时，其图形及文字符号如图 2-1-2（d）所示。

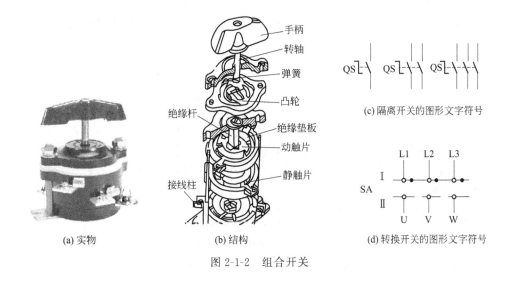

(a) 实物   (b) 结构   (c) 隔离开关的图形文字符号

(d) 转换开关的图形文字符号

图 2-1-2   组合开关

3）按钮开关认知

按钮开关是电路中最常见的控制器件，也是用得最多的控制器件。按钮开关种类很多，体积大的小的都有，形状圆的方的都有。按照动作情况分类，可以分为两类：一类是普通按钮开关（不带自锁装置，自动返回式按钮），如图 2-1-3 所示；另一类是带记忆按钮开关（有自锁装置，不能自动返回）。

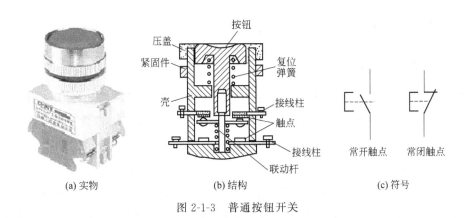

(a) 实物   (b) 结构   (c) 符号

图 2-1-3   普通按钮开关

普通按钮开关结构很简单。当按压按钮时，按钮开关的联动杆带动动触点先与上层定触点（常闭动断触点）分开而下移，动触点联片下面的弹簧被压缩。当按钮位移到一定位置时，动触点与下层的定触点（常开动合触点）

闭合，下层触点接通。一旦按钮压力取消，按钮和动触点联片会在其复位弹簧的作用下，自动返回原位置；动触点先与下层定触点断开，然后再与上层的定触点闭合。

4）机械式行程开关认知

机械式行程开关是机床控制电路、电力提升系统电路中最常用的控制器件，如图 2-1-4 所示。

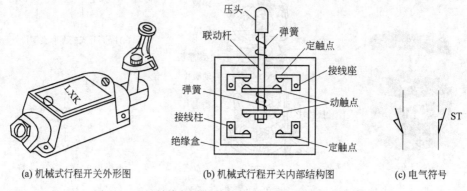

(a) 机械式行程开关外形图	(b) 机械式行程开关内部结构图	(c) 电气符号

图 2-1-4　机械式行程开关的外形、内部结构和电气符号

机械式行程开关主要由压头、联动杆、动触点、定触点、接线柱、绝缘内壳体、铸铁外壳体及转动曲柄和压力轮（图上未标示）等部件组成。当压力轮受外力作用时，曲柄转动，从而使压头及联动杆移动，联动杆带动动触头移动，使行程开关的常闭触点先断开，常开触点后闭合。联动杆移动还压缩复位弹簧，为行程开关的曲柄、联动杆、动触点的复位储存能量。一旦外力消失，行程开关立即返回到初始状态。

2.1.2　自动操作控制器件认知

1）接触器识别认知

接触器是用来频繁接通和切断电动机或其他负载主电路的一种自动切换电器，在电气自动控制系统中应用十分广泛。接触器种类较多，按其主触点通过电流的性质，可分为交流接触器和直流接触器。

交流接触器如图 2-1-5 所示，主要动作部件有动触头部件、动铁芯、胶木架部件及弹簧等，其他部件都是固定不动的。交流接触器有三对主触点（常开触点），有两对常开辅助触点和两对常闭的辅助触点。当交流接触器的吸引线圈通以交流电流时，定铁芯和动铁芯同时被磁化，动铁芯被吸引动作，动铁芯与定铁芯闭合。动铁芯移动时，带动胶木架和动触点移动，使得接触器的常闭触点断开，常开触点闭合。动铁芯移动时压缩复位弹簧，使复位弹簧储存势

能；当吸引线圈断电时，复位弹簧迫使动铁芯、胶木架、动触点返回初始
状态。

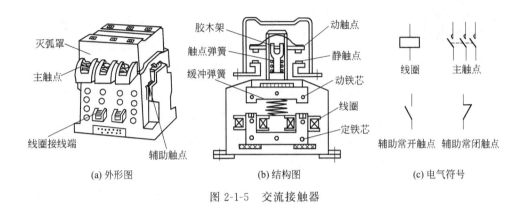

(a) 外形图　　(b) 结构图　　(c) 电气符号

图 2-1-5　交流接触器

2）继电器认知

继电器是一种根据外界输入信号（电信号或非电信号），来控制电路接通或
断开的一种自动电器，主要用于控制、线路保护或信号切换。由于触点通过的电
流较小，所以继电器没有灭弧装置。继电器一般由感测机构、中间机构和执行机
构 3 个基本部分组成。感测机构把感测到的电气量或非电气量传递给中间机构，
将它与整定值进行比较，当达到整定值，中间机构便使执行机构动作，从而接通
或断开电路。

（1）热继电器

热继电器（图 2-1-6）：主要用来对异步电动机进行过载保护，它的工作原理
是过载电流通过热元件后，使双金属片加热弯曲去推动动作机构来带动触点动
作，从而将电动机控制电路断开，实现电动机断电停车，起到过载保护的作用。
鉴于双金属片受热弯曲过程中，热量的传递需要较长的时间，因此，热继电器不
能用作短路保护，而只能用作过载保护。

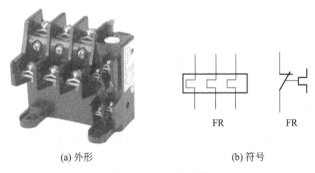

(a) 外形　　　　　(b) 符号

图 2-1-6　热继电器

（2）中间继电器

中间继电器（图 2-1-7）：用于继电保护与自动控制系统中，以增加触点的数量及容量。它用于在控制电路中传递中间信号。中间继电器的结构和原理与交流接触器基本相同，与接触器的主要区别在于：接触器的主触头可以通过大电流，而中间继电器的触头只能通过小电流。所以，它只能用于控制电路中。它一般是没有主触点的，因为过载能力比较小。所以它用的全部都是辅助触头，数量比较多。

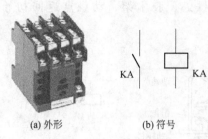

(a) 外形　　　　　　(b) 符号

图 2-1-7　中间继电器

（3）时间继电器

时间继电器（图 2-1-8）：是一种利用电磁原理或机械原理实现延时控制的控制电器。它的种类很多，有空气阻尼型、电动型和电子型和其他型等。

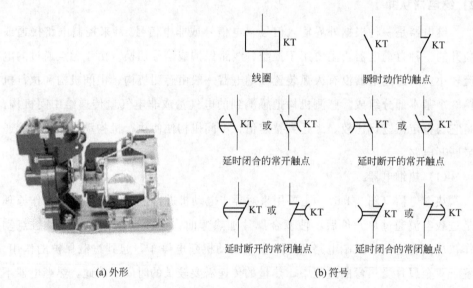

(a) 外形　　　　　　　　　　　　　　　(b) 符号

图 2-1-8　时间继电器

3）熔断器认知

在低压配电系统中，熔断器是起安全保护作用的一种电器，熔断器广泛应用于电网保护和用电设备保护，当电网或用电设备发生短路故障或过载时，可自动切断电路，避免电器设备损坏，防止事故蔓延。

熔断器由绝缘底座（或支持件）、触头、熔体等组成，如图 2-1-9 所示。熔体是熔断器的主要工作部分，熔体相当于串联在电路中的一段特殊的导线，当电路发生短路或过载时，电流过大，熔体因过热而熔化，从而切断电路。熔体常做成丝状、栅状或片状。熔体材料具有相对熔点低、特性稳定、易于熔断的特点。一般采用铅锡合金、镀银铜片、锌、银等金属。

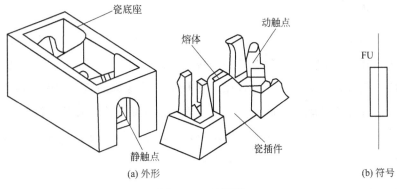

图 2-1-9 熔断器

4) 断路器 (空气开关) 认知

断路器也称做空气开关，主要用作总电源的控制开关。断路器主要分为两种类型：一种是单极，另一种是三极。单极断路器用于通/断 220V 交流电源，三极断路器用于通/断 380V 三相交流电源。断路器通/断电流能力等级为 10A、20A、50A、100A、150A、200A、400A、600A 等。断路器有过载与短路保护等功能。

断路器 (空气开关) 如图 2-1-10 所示，其动触点动作是通过杠杆机构操纵的。当电流过大 (电流过载) 或电路短路时，脱扣装置会立即动作，从而自动切断负载与电源之间的联系，起到保护电源和保护负载的作用。

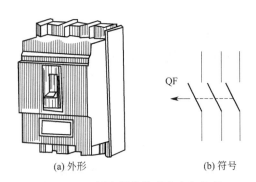

图 2-1-10 断路器的外形和电气符号

以上仅介绍了几种最常用的手动控制开关，实际上手动控制器件还有很多种，而且今后还会推出更多新式手动控制器件。虽然手动控制器件种类繁多、样式各异，但是它们的基本结构、动作原理、使用方法不会发生大的变化。只要对以上介绍的控制器件动作原理和结构弄清楚，对其他手动控制器件就很容易理解了。

2.1.3 交流接触器的拆装与检修

对 CJ10-20 型的交流接触器进行拆卸与安装，并对其各个部件进行检修与调整。

1）拆卸步骤

卸下灭弧罩紧固螺钉，取下灭弧罩。拉紧主触点定位弹簧夹，取下主触点及主触点压力弹簧片。拆卸主触点时必须将主触点侧转 45°后取下。松开辅助常开静触点的线桩螺钉，取下常开静触点。松开接触器底部的盖板螺钉，取下盖板。取下静铁芯缓冲绝缘纸片及静铁芯。取下静铁芯支架及缓冲弹簧。拔出线圈接线端的弹簧夹片，取下线圈。取下反作用弹簧，取下衔铁和支架，从支架上取下动铁芯定位销，取下动铁芯及缓冲绝缘纸片。

2）检修步骤

检查灭弧罩有无破裂或烧损，清除灭弧罩内的金属飞溅物和颗粒。检查触点的磨损程度，磨损严重时应更换触点。若不需更换，则清除触点表面上烧毛的颗粒。清除铁芯端面的油垢，检查铁芯有无变形及端面接触是否平整。检查触点压力弹簧及反作用弹簧是否变形或弹力不足。如有需要则更换弹簧。检查电磁线圈是否有短路、断路及发热变色现象。

3）装配步骤

按拆卸的逆顺序进行装配。

4）自检方法

用万用表欧姆挡检查线圈及各触点是否良好；用兆欧表测量各触点间及主触点对地电阻是否符合要求；用手按动主触点检查运动部分是否灵活，以防产生接触不良、振动和噪声。

5）注意事项

拆卸过程中，应备有盛放零件的容器，以免丢失零件。拆卸过程中不允许硬撬，以免损坏电器。装配辅助静触点时，要防止卡住动触点。

2.1.4 热继电器的校验

拆开热继电器的后绝缘盖板，观察热继电器的结构。根据热继电器的校验电路图进行安装接线和校验。

1）实训步骤及工艺要求

（1）观察热继电器的结构。将热继电器的后绝缘盖板卸下，仔细观察热继电器的结构，指出动作机构、电流整定装置、复位按钮及触头系统的位置，并能叙述它们的作用。

（2）校验调整。热继电器更换热元件后应进行校验调整，方法如下。

① 按如图 2-1-11 所示连接校验电路。将调压变压器的输出调到零位置，将热继电器置于手动复位状态，并将整定值旋钮置于额定值处。

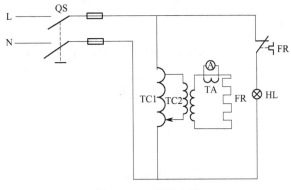

图 2-1-11　校验电路

② 经教师审查同意后，合上电源开关 QS，指示灯 HL 亮。

③ 将调压变压器输出电压从零升高，使热元件通过的电流升至额定值，1h 内热继电器应不动作；若 1h 内热继电器动作，则应将调节旋钮向整定值大的方向旋动。

④ 接着，将电流升至 1.2 倍额定电流，热继电器应在 20min 内动作，指示灯 HL 熄灭；若 20min 内不动作，则应将调节旋钮向整定值小的位置旋动。

⑤ 将电流降至零，待热继电器冷却并手动复位后，再调升电流至 1.5 倍额定值，热继电器应在 2min 内动作。

⑥ 再将电流降至零，待热继电器冷却并复位后，快速调升电流至 6 倍额定值，分断 QS 再随即合上，其动作时间应大于 5s。

2）复位方式的调整

热继电器出厂时，一般都设置为手动复位，如果需要自动复位，可将复位调节螺钉顺时针旋进。自动复位时应在动作后 5min 内自动复位；手动复位时，在动作 2min 后，按下手动复位按钮，热继电器应复位。

3）注意事项

（1）校验时的环境温度应尽量接近工作环境温度，连接导线长度一般不应小于 0.6m，连接导线的截面积应与使用时的实际情况相同。

（2）校验过程中电流变化较大，为使测量结果准确，校验时注意选择电流互感器的合适量程。

（3）通电校验时，必须将热继电器、电源开关等固定在校验板上，并有指导教师监护，以确保用电安全。

（4）电流互感器通电过程中，电流表回路不可开路，接线时应充分注意。

【实训考核】

（1）交流接触器的拆装与检修技能考核标准，按表 2-1-2 技能考核标准评分。

表 2-1-2　交流接触器的拆装与检修技能考核标准

名　　称	配分	技能考核标准	扣分	得分
拆卸与装配	20	(1)拆卸步骤及方法不正确,每处扣 5 分 (2)拆装不熟练,扣 5～10 分 (3)丢失了零部件,每个扣 10 分 (4)拆卸后不能装配好,扣 10 分 (5)损坏零部件,扣 10 分		
检修	20	(1)未进行检修或检修无效果,扣 20 分 (2)检修步骤及方法不正确,每处扣 5 分 (3)扩大故障(能修复),扣 10 分 (4)扩大故障(不能修复),扣 20 分		
校验	30	(1)不能进行通电校验,扣 30 分 (2)检验的方法不正确,扣 10～20 分 (3)检验结果不正确,扣 10～20 分 (4)通电时有振动或噪声,扣 10 分		
实训报告	10	没按照报告要求完成或内容不正确,扣 10 分		
团结协作精神	10	小组成员分工协作不明确、不能积极参与,扣 10 分		
安全文明生产	10	违反安全文明生产规程,扣 5～10 分		
定额时间	30min;每超时 5min 及以内,按扣 5 分计算			
备注	除定额时间外,各项目的最高扣分不应超过配分		成绩	
开始时间		结束时间		班级		姓名	

（2）热继电器的校验技能考核标准，按表 2-1-3 技能考核标准进行评分。

表 2-1-3　热继电器的校验技能考核标准

项　　目	配分	技能考核标准	扣分	得分
热继电器结构	20	(1)不能指出热继电器各部件的位置,每处扣 4 分 (2)不能说出各部件的作用,每处扣 5 分		
热继电器校验	40	(1)不能根据图样接线,扣 20 分 (2)互感器量程选择不当,扣 10 分 (3)操作步骤错误,每步扣 5 分 (4)电流表未调零或读数不准确,扣 10 分 (5)不会调整动作值,扣 10 分		
复位方式	20	不会调整复位方式,扣 20 分		
实训报告	10	没按照报告要求完成或内容不正确,扣 10 分		
团结协作精神	10	小组成员分工协作不明确、不能积极参与,扣 10 分		
安全文明生产	10	违反安全文明生产规程,扣 5～10 分		
定额时间	30min;每超时 5min 及以内,按扣 5 分计算			
备注	除定额时间外,各项目的最高扣分不应超过配分		成绩	
开始时间		结束时间		班级		姓名	

2.2 三相异步电动机点动控制线路配盘实训

【实训目的】

① 了解电动机点动控制电路各种工作状态及操作方法。

② 参照电气原理图和电气安装接线图，按照电气配盘工艺，在控制板上进行电动机点动控制，熟悉电路元件的分布位置和走线情况。

③ 对在电动机点动控制电路配盘上出现的故障进行检修。

【注意事项】

① 配盘通电时，必须有指导教师监护，以保证安全。

② 检修时所用工具、仪表应正确。

③ 检修时，严禁扩大故障范围或产生新的故障。

【实训准备】

1）电气元件准备

使用的主要电气元件见表 2-2-1。

表 2-2-1　电气元件明细

代号	名称	推荐型号	推　荐　规　格	数量
M	三相异步电动机	Y112M-4	4kW,380V,△接法,8.8A,1440r/min	1
QF	低压断路器	DZ10-100	三相、额定电流 15A	1
QS	组合开关	HZ10-25/3	三极、380V、25A	1
FU	螺旋式熔断器	RL1-15/2	380V,15A,配熔体额定电流 2A	2
KM	交流接触器	CJ10-20	20A、线圈电压 380V	1
SB	按钮	LA10-3H	保护式、按钮数 3 个	1
XT1	端子排	JX2-1010	10A、10 节、380V	1
XT2	端子排	JX2-1004	10A、4 节、380V	1

注：低压断路器和组合开关任选其一。

2）工具准备

测电笔、螺钉旋具、尖嘴钳、斜口钳、剥线钳、电工刀等。

3）仪表准备

ZC7（500V）型兆欧表、DT-9700 型钳形电流表、MF-47 型万用表（或数字式万用表 DT9205)。

4）器材准备

（1）控制板一块（600mm×500mm×20mm）。

（2）导线规格：主电路采用 1.5mm² BV（红色、绿色、黄色）；控制电路采用 1mm² BV（黑色）；按钮线采用 0.75mm² BVR（红色）；接地线采用 1.5mm² BVR（黄绿双色）。导线数量由教师根据实际情况确定。

（3）紧固体和编码套管按实际需要发给，简单线路可不用编码套管。

2.2.1　电动机控制电路配盘要求认知

利用各种有触头电器，如接触器、继电器、按钮和刀开关等可以组成控制电路，从而实现电力拖动系统的启动、反转、制动和保护，为生产过程自动化奠定基础。因此，掌握电气控制线路的安装方法是学习电气控制技术的重要基础之一。

1）电气元器件的布局

根据电气原理图的要求，对需装接的电气元件进行板面布置，并按电气原理图进行导线连接，是电工必须掌握的基本技能。如果电气元件布局不合理，就会给具体安装和接线带来较大的困难。简单的电气控制电路可直接进行布置装接，较为复杂的电气控制电路，布置前必须绘制电路接线图。

（1）主电路。一般是三相、单相交流电源或者是直流电源直接控制用电设备，如电动机、变压器、电热设备等。在主电路接通时，受电设备就处在运行情况下。因此，布置主电路元件时，要考虑好电气元件的排列顺序。将电源开关（刀开关、转换开关、断路器等）、熔断器、交流接触器、热继电器等从上到下排列整齐，元件位置应恰当，应便于接线和维修。同时，元件不能倒装或横装，电源进线位置要明显，电气元件的铭牌应容易看清，并且调整时不会受到其他元件的影响。

（2）控制电路。控制电路的电气元件有按钮、行程开关、中间继电器、时间继电器、速度继电器等，这些元器件的布置与主电路密切相关，应与主电路的元器件尽可能接近，但必须明显分开。外围电气控制元件，通过接线端引出，绝对不能直接接在主电路或控制电路的元器件上，如按钮接线等。无论是主电路还是控制电路，电气元件的布置都要考虑到接线方便、用线最省、接线最可靠等。

2）元器件选择

选择原则：元器件的选择应满足设备元器件额定电流和额定电压条件。一般情况下，380V 三相异步电机的额定电流按 2 倍设备容量（功率）来估算。算出的电流、电压数据在设备元件系列中没有相同数据规格时，必须往上一级选择最接近的数据，严禁选择那些小于数据规格的元器件。

（1）开关的选择与电气参数的整定

① 低压断路器用作操作开关时：$I \geqslant (1.25 \sim 1.3) I_N$。

② 低压断路器过电流脱扣器的整定电流：对于用作过载保护的长延时型，其整定电流不小于额定电流；对于用作电动机短路保护的瞬动型及短延时型，整定电流为 $I \geqslant K_K I_M$，I_M 为电动机峰值电流。

对于动作时间小于 0.02s（DZ 系列）的开关，K_K 取 1.7~2。

对于动作时间大于 0.02s（DW 系列）的开关，K_K 取 1.35。

对于 DZ15L-40 型的漏电保护开关，只有控制电路接到 U 和 W 相时，才能起到漏电保护作用，对于其他型号的漏电保护开关，要依照说明书接线。

（2）熔断器的选择。照明电路中起过载及短路保护，在动力电路中起短路保护。

① 熔体额定电流的确定。用于主电路：对于单台电机 $I_{RN} = (1.5 \sim 2.5) I_N$；对于多台电机 $I_{RN} = (1.5 \sim 2.5) I_{NM} + \sum I_{NI}$。用于控制电路：熔体额定电流按 2~5A 选择。

注意：I_{RN} 是熔体额定电流；I_N 是电动机额定电流；I_{NM} 是其中容量最大的一台电动机的额定电流；$\sum I_{NI}$ 是其余电动机额定电流之和。

② 熔断器额定电流的确定。熔断器额定电流应大于（至少等于）熔体的额定电流。

（3）接触器的选择。线圈额定电压应由控制电路电压决定，二者应相符；主触头额定电流应不小于电路工作电流，选择主触头容量时应按不小于电路工作电流的 1.3 倍选择。

所有电气控制器件，至少应具有制造厂的名称（或商标、索引号）、工作电压性质和数值等标志。若工作电压标在操作线圈上，则应使装在器件上线圈的标志显而易见。同时还需进行好坏检查。

（4）热继电器的选择与整定。当电动机为△连接时，应选择带断相保护功能的热继电器；热元件额定电流应大于或等于电动机额定电流；热继电器的整定电流应等于 $(0.95 \sim 1.05) I_N$。

3）导线选用

（1）导线的类型。硬线只能用在固定安装的部件之间，在其余场合则应采用软线。电路 U、V、W 三相分别用黄色、绿色、红色导线，中性线（N）用黑色导线，保护线（PE）必须采用黄绿双色导线。

（2）导线的绝缘。导线必须绝缘良好，并应具有抗化学腐蚀的能力。

（3）导线的截面积。在必须能承受正常条件下流过的最大电流的同时，还应考虑到电路中允许的电压降、导线的机械强度，以及要与熔断器相配合，并且规定主电路导线的最小截面积应不小于 $2.5mm^2$，控制电路导线的截面积应不小于 $1.0mm^2$。

4）导线连接

电气元件布局确定以后，要根据电气原理图并按一定工艺要求进行布线和接线。控制箱（板）内部布线一般采用正面布线方法，如板前线槽布线或板前明线布线，较少采用板后布线方法。布线和接线的正确、合理、美观与否，会直接影响控制质量。

（1）线路的正确性。配线正确是保证实训顺利完成的基础，任何后期的工作都是围绕着正确的电路完成的，所以配线的正确性是整个实训过程的基础。应确保以下各项正确无误。

① 主电路与控制电路接线正确。

② 主电路与控制电路器件循序正确。

③ 主电路与控制电路具有过载短路保护。

④ 主电路与控制电路无断路、短路现象。

⑤ 器件使用正确。

⑥ 电动机丫型、△型连接正确。

（2）接线工艺要求

① 导线尽可能靠近元器件走线；用导线颜色分相，必须做到平直、整齐、走线合理等。

② 对明露导线要求横平竖直，自由成形；导线之间避免交叉；导线转弯应成 $90°$。

③ 布线应尽可能贴近控制板面，相邻元器件之间也可"空中走线"。

④ 可移动控制按钮连接线必须用软线，与配电板上元器件连接时必须通过接线端，并加以编号。

⑤ 所有导线从一个端子到另一个端子的走线必须是连续的，中间不得有接头。

⑥ 所有导线的连接必须牢固，不得压胶，露铜不超过 1mm。导线与端子的接线，一般是一个端子只连接一根导线，最多接两根。

⑦ 有些端子不适合连接软导线时，可在导线端头上采用针形、叉形等压接线头。

⑧ 导线线号的标志应与电气原理图和电路接线图相符。在每一根连接导线

的线头上必须套上标有线号的套管，位置应接近端子处。线号的编制方法应符合国家相关标准。

（3）装接电路。装接电路的顺序是先接主电路，后接控制电路；先接串联电路，后接并联电路；按照从上到下，从左到右的顺序逐根连接；对于电气元件的进出线，则必须按照上面为进线，下面为出线，左边为进线，右边为出线的原则接线，以免造成元器件被短接、接错或漏接。

5）通电前检查

装接好后首先要进行下列各项目测检查，无误后，再用万用表、绝缘电阻表检查主电路和控制电路。

① 元器件的代号、标志是否与电气原理图上的一致，是否齐全。

② 各个电气元件、接线端子安装是否正确和牢靠，各个安全保护措施是否可靠。

③ 控制电路是否满足电气原理图所要求的各种功能，布线是否符合要求、整齐。

④ 各个按钮、信号灯罩和各种电路绝缘导线的颜色是否符合要求。

⑤ 用万用表测量主电路和控制电路的直流电阻，所测阻值应与理论值相符。

6）热继电器的整定

根据电动机的额定电流，选择一倍于电动机额定电流的热元件电流，再将热继电器整定为电动机的额定电流。

7）电路的运行与调试

安装完电路，经检查无误后，接上电动机进行通电试运转，观察电气元件及电动机的动作、运转情况。掌握操作方法，注意通电顺序：先合电源侧刀开关，再合电源侧断路器；断电顺序相反。通电后应先检验电气设备的各个部分的工作是否正确和动作顺序是否正常。然后在正常负载下连续运行，检验电气设备所有部分运行的正确性。同时要检验全部器件的温升，不得超过规定的允许温升。若温升异常，应立即停电并进行检查。

2.2.2　实训步骤与工艺要求

1）三相异步电动机点动控制电路认知

点动控制是指需要电动机作短时断续工作时，只要按下按钮电动机就转动，松开按钮电动机就停止动作的控制。实现点动控制可以将点动按钮直接与接触器的线圈串联，电动机的运行时间由按钮按下的时间决定。点动控制是用按钮、接触器来控制电动机运转的最简单的正转控制线路，生产机械在进行试车和调整时通常要求点动控制，如工厂中使用的电动葫芦和机床快速移动装置、龙门刨床横梁的上、下移动，摇臂钻床立柱的夹紧与放松，桥式起重机吊钩、大车运行的操作控制等都需要单向点动控制。

点动控制电路由电源开关 QS、熔断器 FU、按钮 SB、接触器 KM 和电动机 M 等组成。如图 2-2-1 所示。

在点动控制电路中，其主要原理是当按下按钮 SB 时，交流接触器的线圈 KM 得电，从而使接触器的主触点闭合，使三相电流进入电动机的绕组，驱动电动机转动。松开 SB 时，交流接触器的线圈失电，使接触器的主触点断开，电动机的绕组断电而停止转动。实际上，这里的交流接触器代替了闸刀或组合开关使主电路闭合和断开的。

（1）启动：先合上电源开关 QS，按下按钮 SB→交流接触器 KM 线圈得电→KM 主触点闭合→电动机 M 转动。

（2）停止：松开按钮 SB→交流接触器 KM 线圈失电→KM 主触点断开→电动机 M 停止。

按下 SB，电动机转动；松开 SB，电动机停止转动，即点一下 SB，电动机转动一下，故称之为点动控制。

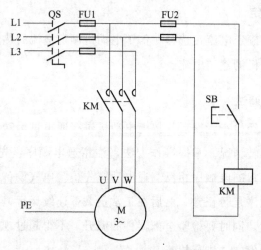

图 2-2-1　点动控制原理图

2）实训步骤与工艺

（1）读懂点动正转控制线路电路图 2-2-1，明确线路所用元件及作用。

（2）按表 2-2-1 配置所用电气元件，并检验型号及性能。在配置过程中应该注意以下问题。

① 电气元件的技术数据应符合要求，外观无损伤。

② 电气元件的电磁机构动作要灵活。

③ 对电动机进行常规检查。

（3）在控制板上安装电气元件，并标注上醒目的文字符号。工艺要求如下。

① 低压断路器、熔断器的受电端子应安装在控制板的外侧如图 2-2-2 所示。

② 各元件的安装位置应整齐、匀称，间距合理，便于元件的更换。

③ 紧固各元件时要用力均匀，紧固程度适当。在紧固熔断器、接触器等易碎裂元件时，应用手按住元件，一边轻轻摇动，一边用螺钉旋具轮换旋紧对角线上的螺钉，直到手摇不动后再适当旋紧些即可。

（4）进行板前明线布线和套编码套管，板前明线布线的工艺要求如下。

① 布线通道尽可能少，同路并行导线按主、控电路分类集中，单层密排，紧贴安装面布线。

② 同一平面的导线应高低一致。

③ 布线应横平竖直，导线与接线螺栓连接时，应打羊眼圈，并按顺时针旋转，不允许反圈。对瓦片式接点，导线连接时，直线插入接点固定即可。

④ 布线时不得损伤线芯和导线绝缘。所有从一个接线端子到另一个接线端子的导线必须连续，中间无接头。

⑤ 导线与接线端子或接线桩连接时，不得压绝缘层及露铜过长。在每根剥去绝缘层导线的两端套上编码套管。

⑥ 一个电气元件接线端子上的连接导线不得多于两根，每节接线端子板上的连接导线一般只允许连接一根。

⑦ 同一元件、同一回路的不同接点的导线间距离应一致。

图 2-2-2　点动正转控制线路配盘

（5）安装电动机。

（6）连接电动机和按钮金属外壳的保护接地线。

（7）连接电源、电动机等控制板外部的导线。

（8）自检

① 按电路原理图或电气接线图，从电源端开始，逐段核对接线及接线端子处连接是否正确，有无漏接、错接之处。检查导线接点是否符合要求，压接是否牢固。接触应良好，以免接负载运行时产生闪弧现象。检查主电路时，可以手动来代替受电线圈励磁吸合时的情况进行检查。

② 用万用表检查控制线路的通断情况：用万用表表笔分别搭在接线图 U1、V1 线端上（也可搭在 0 与 1 两点处），这时万用表读数应在无穷大；按下 SB 时表读数应为接触器线圈的直流电阻阻值。

③ 用兆欧表检查线路的绝缘电阻不得小于 $0.5 M\Omega$。

（9）通电试车。通电前必须征得教师同意，并由教师接通电源和现场监护。

① 学生合上电源开关 QS 后，允许用万用表或测电笔检查主、控电路的熔体是否完好，但不得对线路接线是否正确进行带电检查。

② 第一次按下按钮时，应短时点动，以观察线路和电动机有无异常现象。

③ 试车成功率以通电后第一次按下按钮时计算。

④ 出现故障后，学生应独立进行检修，若需要带电检查时，必须有教师在现场监护。检修完毕再次试车，也应有教师监护，并做好实习时间记录。

⑤ 实习课题应在规定时间内完成。

（10）注意事项

① 不触摸带电部件，严格遵守"先接线后通电，先接电路部分后接电源部分；先接主电路，后接控制电路，再接其他电路；先断电源后拆线"的操作程序。

② 接线时，必须先接负载端，后接电源端；先接接地端，后接三相电源相线。

③ 发现异常现象（如发响、发热、焦臭），应立即切断电源，保持现场，报告指导老师。

④ 电动机必须安放平稳，电动机及按钮金属外壳必须可靠接地。接至电动机的导线必须穿在导线通道内加以保护，或采取坚韧的四芯橡皮护套线进行临时通电校验。

⑤ 电源进线应接在螺旋式熔断器底座中心端上，出线应接在螺纹外壳上。

⑥ 按钮内接线时，用力不能过猛，以防止螺钉打滑。

【实训考核】

按表 2-2-2 任务完成质量评分表进行评分。

表 2-2-2　任务完成质量评分表

项目内容	配分	评分标准	扣分	得分
器材准备	5	（1）不清楚元器件的功能及作用，扣 2 分 （2）不能正确选用元器件，扣 3 分		
工具 仪表的使用	5	（1）不会正确使用工具，扣 2 分 （2）不能正确使用仪表，扣 3 分		
装前检查	10	（1）电动机质量检查，每漏 1 处扣 2 分 （2）电气元件漏检或错检，每处扣 2 分		
安装元件	15	（1）不按布置图安装，扣 5 分 （2）元件安装不紧固，每只扣 4 分 （3）安装元件时漏装木螺钉，每只扣 2 分 （4）元件安装不整齐、不匀称、不合理，每只扣 3 分 （5）损坏元件，扣 15 分		
布线	30	（1）不按电路图接线，扣 10 分 （2）布线不符合要求：主电路每根扣 4 分，控制电路每根扣 2 分 （3）接点松动、露铜过长、压绝缘层、反圈等，每个接点扣 1 分 （4）损伤导线绝缘或线芯，每根扣 5 分 （5）漏套或错套编码套管（教师要求），每处扣 2 分 （6）漏接接地线，扣 10 分		
通电试车	35	（1）热继电器未整定或整定错，扣 5 分 （2）熔体规格配错，主、控电路各扣 5 分 （3）第一次试车不成功，扣 10 分；第二次试车不成功，扣 20 分；第三次试车不成功，扣 30 分		
安全文明生产		违反安全文明生产规程、小组团队协作精神不强，扣 5～40 分		
定额时间		1h；每超时 5min 以内，按扣 5 分计算		
备注		除定额时间外，各项目的最高扣分不应超过配分数	成绩	
开始时间		结束时间	班级	姓名

特别提示：

① 安装控制板上的走线槽及电气元件时，必须根据电气元件位置图画线后进行安装，并做到安装牢固、排列整齐、均称、合理、便于走线及更换元件；

② 紧固各元件时，要受力均匀，紧固程度适当，以防止损坏元件；

③ 各电气元件与走线槽之间的外露导线，要尽可能做到横平竖直、走线合理、美观整齐，变换走向要垂直。

2.3　三相异步电动机连续控制线路配盘实训

【实训目的】

① 了解电动机连续控制电路各种工作状态及操作方法。

② 参照电气原理图和电气安装接线图，按照电气配盘工艺，在控制板上进行电动机连续控制，熟悉电路元件的分布位置和走线情况。

③ 对在电动机连续控制电路配盘上出现的故障进行检修。

【注意事项】

① 配盘通电时，必须有指导教师监护，以保证安全。

② 检修时所用工具、仪表应正确。

③ 检修时，严禁扩大故障范围或产生新的故障。

【实训准备】

1) 电气元件准备

使用的主要电气元件见表 2-3-1。

表 2-3-1　电气元件明细

代号	名称	推荐型号	推荐规格	数量
M	三相异步电动机	Y112M-4	4kW、380V、△接法、8.8A、1440r/min	1
QS	组合开关	HZ10-25/3	三相、额定电流25A	1
FU1	螺旋式熔断器	RL1-60/25	380V、60A、配熔体额定电流25A	3
FU2	螺旋式熔断器	RL1-15/2	380V、1.5A、配熔体额定电流2A	2
KM	交流接触器	CJ10-20	20A、线圈电压380V	1
FR	热继电器	JR16-20/3	三极、20A、整定电流8.8A	1
SB	按钮	LA10-3H	保护式、500V、5A、按钮数3、复合按钮	1
XT1	端子排	JX2-1015	10A、15节、380V	1
XT2	端子排	JX2-1010	10A、10节、380V	1

2) 工具准备

测电笔、螺钉旋具、尖嘴钳、斜口钳、剥线钳、电工刀等。

3) 仪表准备

ZC7（500V）型兆欧表、DT-9700型钳形电流表，MF-47型万用表（或数字式万用表DT9205）。

4) 器材准备

(1) 控制板一块（600mm×500mm×20mm）。

(2) 导线规格：主电路采用1.5mm²BV（红色、绿色、黄色）；控制电路采用1mm²BV（黑色）；按钮线采用0.75mm²BVR（红色）；接地线采用1.5mm²BVR（黄绿双色）。导线数量由教师根据实际情况确定。

(3) 紧固体和编码套管按实际需要发给，简单线路可不用编码套管。

2.3.1　三相异步电动机单方向连续控制电路认知

生产机械连续运转是最常见的形式，要求拖动生产机械的电动机能够长时间运转。三相异步电动机自锁控制，是指按下按钮 SB2，电动机转动之后，再松开按钮 SB2，电动机仍保持转动。其主要原因是交流接触器的辅助触点维持交流接触器的线圈长时间得电，从而使得交流接触器的主触点长时间闭合，电动机长时间转动。这种控制应用在长时间连续工作的电动机中，如车床、砂轮机等。

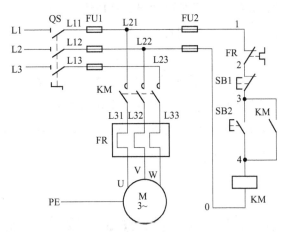

图 2-3-1　有过载保护连续控制接触器控制图

点动控制电路中加自锁（保）触点 KM，则可对电动机实行连续运行控制。电路工作原理：在电动机点动控制电路的基础上给启动按钮 SB2 并联一个交流接触器的常开辅助触点，使得交流接触器的线圈通过其辅助触点进行自锁。当松开按钮 SB2 时，由于接在按钮 SB2 两端的 KM 常开辅助触头闭合自锁，控制回路仍保持通路，电动机 M 继续运转。该电气控制电路原理如图 2-3-1 所示，控制过程如下。

① 先合上电源开关 QS。

② 启动运行。按下按钮 SB2→KM 线圈得电→KM 主触点和自锁触点闭合→电动机 M 启动连续正转。

③ 停车。按停止按钮 SB1→控制电路失电→KM 主触点和自锁触点分断→电动机 M 失电停转。

④ 过载保护。电动机在运行过程中，由于过载或其他原因，使负载电流超过额定值时，经过一定时间，串接在主回路中热继电器 FR 的热元件双金属片受热弯曲，推动串接在控制回路中的常闭触头断开，切断控制回路，接触器 KM 的线圈断电，主触头断开，电动机 M 停转，达到了过载保护的目的。

2.3.2　项目实施步骤及工艺要求

（1）读懂过载保护连续正转控制线路电路图，明确线路所用元件及作用。

（2）按表 2-3-1 配置所用电气元件并检验型号及性能。

（3）在控制板上安装电气元件，并标注醒目的文字符号，如图 2-3-2 所示。

（4）进行板前明线布线和套编码套管。

（5）检查控制板布线的正确性。

（6）安装电动机。

（7）连接电动机和按钮金属外壳的保护接地线。

（8）连接电源、电动机等控制板外部的导线。

（9）自检。

① 用查线号法分别对主电路和控制电路进行常规检查，按控制原理图和接线图逐一查对线号有无错接、漏接。按电路原理图或电气接线图从电源端开始，逐段核对接线及接线端子处连接是否正确，有无漏接、错接之处。检查导线接点是否符合要求，压接是否牢固。

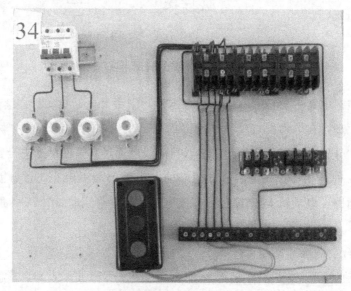

图 2-3-2　连续控制电路接线样板图

② 用万用表分别对主电路和控制电路进行通路、断路检查。

a. 主电路检查。断开控制电路，分别测 U11、V11、W11 任意两端电阻应为∞，按下交流接触器的触点架时，可测得电动机两相绕组的串联直流电阻值（万用表调至 R×1 挡，调零）。检查主电路时，可以手动来代替受电线圈励磁吸合时的情况进行检查。

b. 控制电路检查。将表笔跨接在控制电路两端，测得阻值为∞，说明启动、停止控制回路安装正确；按下 SB2 或按下接触器 KM 触点架，测得接触器 KM 线圈电阻值，说明自锁控制安装正确（将万用表调至 R×10 挡，或 R×100 挡，调零）。

③ 检查电动机和按钮外壳的接地保护。

④ 检查过载保护。检查热继电器的额定电流值是否与被保护的电动机额定电流相符,若不符,调整旋钮的刻度值,使热继电器的额定电流值与电动机额定电流相符;检查常闭触点是否动作,其机构是否正常可靠;复位按钮是否灵活。

(10)通电试车。通电前必须征得教师同意,并由教师接通电源和现场监护。

① 电源测试。合上电源开关 QS,用测电笔测 FU1、三相电源。

② 控制电路试运行。断开电源开关 QS,确保电动机没有与端子排连接。合上开关 QS,按下按钮 SB2,接触器主触点立即吸合,松开 SB1,接触器主触点仍保持吸合。按下 SB2,接触器触点立即复位。

③ 电动机试运行。断开电源开关 QS,接上电动机接线。再合上开关 QS,按下按钮 SB1,电动机运转;按下 SB2,电动机停转。

2.3.3　常见故障及维修

三相异步电动机单向连续控制线路常见故障及维修方法见表 2-3-2。

表 2-3-2　三相异步电动机单向连续控制线路常见故障及维修方法

常见故障	故障原因	维修方法
电动机不启动	(1)熔断器熔体熔断 (2)自锁触点和启动按钮串联 (3)交流接触器不动作 (4)热继电器未复位	(1)查明原因排除后更换熔体 (2)改为并联 (3)检查线圈或控制回路 (4)手动复位
发出嗡嗡声,缺相	动、静触头接触不良	对动静触头进行修复
跳闸	(1)电动机绕阻烧毁 (2)线路或端子板绝缘击穿	(1)更换电动机 (2)查清故障点排除
电动机不停车	(1)触头烧损粘连 (2)停止按钮接点粘连	(1)拆开修复 (2)更换按钮
电动机时通时断	(1)自锁触点错接成常闭触点 (2)触点接触不良	(1)改为常开 (2)检查触点接触情况
只能点动	(1)自锁触点未接上 (2)并接到停止按钮上	(1)检查自锁触点 (2)并接到启动按钮两侧

【实训考核】

任务完成质量评价参照表 2-3-3,定额时间由指导教师酌情增减。

表 2-3-3　任务完成质量评分表

项目内容	配分	评分标准	扣分	得分
器材准备	5	(1)不清楚元器件的功能及作用,扣2分 (2)不能正确选用元器件,扣3分		
工具 仪表的使用	5	(1)不会正确使用工具,扣2分 (2)不能正确使用仪表,扣3分		
装前检查	10	(1)电动机质量检查,每漏一处扣2分 (2)电气元件漏检或错检,每处扣2分		

续表

项目内容	配分	评分标准	扣分	得分
安装元件	15	(1)不按布置图安装,扣5分 (2)元件安装不紧固,每只扣4分 (3)安装元件时漏装木螺钉,每只扣2分 (4)元件安装不整齐、不匀称、不合理,每只扣3分 (5)损坏元件,扣15分		
布线	30	(1)不按电路图接线,扣10分 (2)布线不符合要求:主电路每根扣4分,控制电路每根扣2分 (3)接点松动、露铜过长、压绝缘层、反圈等,每个接点扣1分 (4)损伤导线绝缘或线芯,每根扣5分 (5)漏套或错套编码套管(教师要求),每处扣2分 (6)漏接接地线,扣10分		
通电试车	35	(1)热继电器未整定或整定错,扣5分 (2)熔体规格配错,主、控电路各扣5分 (3)第一次试车不成功,扣10分;第二次试车不成功,扣20分;第三次试车不成功,扣30分		
安全文明生产		违反安全文明生产规程、小组团队协作精神不强,扣5~40分		
定额时间		1h;每超时5min以内,按扣5分计算		
备注		除定额时间外,各项目的最高扣分不应超过配分数	成绩	
开始时间		结束时间	班级	姓名

特别提示:

① 自锁触点和启动按钮并联;

② 接控制电路时交流接触器线圈是唯一负载,不能忘记,否则会导致控制电路短路。

2.4　点动与连续混合控制线路配盘实训

【实训目的】

① 了解电动机点动与连续混合控制电路各种工作状态及操作方法。

② 参照电气原理图和电气安装接线图,按照电气配盘工艺,在控制板上进行点动与连续混合控制,熟悉电路元件的分布位置和走线情况。

③ 对在点动与连续混合控制电路配盘上出现的故障进行检修。

【注意事项】

① 配盘通电时,必须有指导教师监护,以保证安全。

② 检修时所用工具、仪表应正确;

③ 检修时,严禁扩大故障范围或产生新的故障;

【实训准备】

1）电气元件准备

使用的主要电气元件见表 2-4-1。

表 2-4-1　电气元件明细

代号	名称	推荐型号	推荐规格	数量
M	三相异步电动机	Y112M-4	4kW、380V、△接法、8.8A、1440r/min	1
QS	组合开关	HZ10-25/3	三相、额定电流 25A	1
FU1	螺旋式熔断器	RL1-60/25	380V、60A、配熔体额定电流 25A	3
FU2	螺旋式熔断器	RL1-15/2	380V、1.5A、配熔体额定电流 2A	2
KM	交流接触器	CJ10-20	20A、线圈电压 380V	1
FR	热继电器	JR16-20/3	三极、20A、整定电流 8.8A	1
SB	按钮	LA10-3H	保护式、500V、5A、按钮数 3、复合按钮	1
XT1	端子排	JX2-1015	10A、15 节、380V	1
XT2	端子排	JX2-1010	10A、10 节、380V	1

2）工具准备

测电笔、螺钉旋具、尖嘴钳、斜口钳、剥线钳、电工刀等。

3）仪表准备

ZC7（500V）型兆欧表、DT-9700 型钳形电流表，MF-47 型万用表（或数字式万用表 DT9205）。

4）器材准备

（1）控制板一块（600mm×500mm×20mm）。

（2）导线规格：主电路采用 1.5mm² BV（红色、绿色、黄色）；控制电路采用 1mm² BV（黑色）；按钮线采用 0.75mm² BVR（红色）；接地线采用 1.5mm² BVR（黄绿双色）。导线数量由教师根据实际情况确定。

（3）紧固体和编码套管按实际需要发给。

2.4.1　点动与连续混合正转控制线路认知

在生产实践过程中，机床设备正常工作需要电动机连续运行，而试车和调整刀具与工件的相对位置时，又要求"点动"控制。为此生产加工工艺要求控制电路，既能实现"点动控制"，又能实现"连续运行"工作，如图 2-4-1 所示。

用途：试车、检修以及车床主轴的调整和连续运转等。

方法一：用开关，如图 2-4-1（a）所示。

方法二：用复合按钮，如图 2-4-1（b）所示。

方法三：用中间继电器，如图 2-4-1(c) 所示。

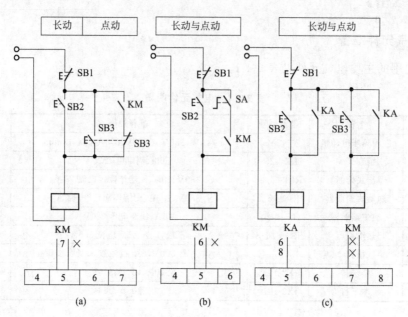

图 2-4-1　点动与连续复合控制电路原理图

2.4.2　用复合按钮实现点动与连续混合控制过程认知

其主电路和连续控制电路相同。如图 2-4-1(a) 所示，线路的动作过程：先合上电源开关 QS，点动控制、长动控制和停止的工作过程如下。

（1）点动控制：按下按钮 SB3→SB3 常闭触点先分断（切断 KM 辅助触点电路）。SB3 常开触点后闭合（KM 辅助触点闭合）→KM 线圈得电→KM 主触点闭合→电动机 M 启动运转。松开按钮 SB3→SB3 常开触点先恢复分断→KM 线圈失电→KM 主触点断开（KM 辅助触点断开）后 SB3 常闭触点恢复闭合→电动机 M 停止运转，实现了点动控制。

（2）长动控制：按下按钮 SB2→KM 线圈得电→KM 主触点闭合（KM 辅助触点闭合）→电动机 M 启动运转。实现了长动控制。

（3）停止：按下停止按钮 SB1→KM 线圈失电→KM 主触点断开→电动机 M 停止运转。

关键：断开自锁，实现点动；接通自锁，实现连续运转。

特点：线路简单，但动作不够可靠。

读者可以自行分析图 2-4-1(b) 和图 2-4-1(c) 的工作过程。

2.4.3　项目实施步骤及工艺要求

（1）绘制并读懂点动与连续复合控制线路电路图（用复合按钮控制），明确线路所用元件及作用。

（2）按表 2-4-1 配置所用电气元件，并检验型号及性能。

（3）在控制板上安装固定电气元件，并标注醒目的文字符号，如图 2-4-2 所示。

（4）进行板前明线布线和套编码套管。

（5）根据电路图 2-4-1(a) 检查控制板布线的正确性。

（6）安装电动机。

（7）连接电动机和按钮金属外壳的保护接地线。

（8）连接电源、电动机等控制板外部的导线。

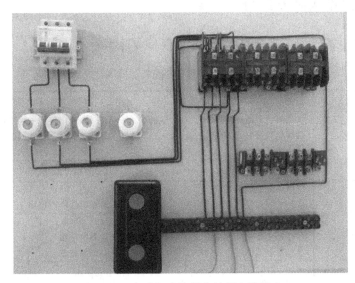

图 2-4-2　点动与连续复合控制电路配盘

（9）自检。

① 按电路原理图或电气接线图，从电源端开始，逐段核对接线及接线端子处连接是否正确，有无漏接、错接之处。检查导线接点是否符合要求，压接是否牢固。接触应良好，以免接负载运行时产生闪弧现象。

② 用万用表检查线路的通断情况；用万用表检查时，应选用电阻挡的适当挡位，并进行校零，以防错漏短路故障。

③ 检查控制电路，用万用表表笔分别搭在控制电路两端，这时万用表读数应在无穷大；按下 SB2、SB3 时，表的读数应为接触器线圈的直流电阻阻值。

④ 检查主电路时，可以手动来代替受电线圈励磁吸合时的情况进行检查。

⑤ 合上 QS，按下按钮 SB3，接触器 KM 吸合，电动机运转，松开按钮 SB3，接触器 KM 失电，电动机停转，点动控制；按下按钮 SB2，接触器 KM 吸合，电动机运转，松开按钮 SB2，电动机继续运转，长动控制。

⑥ 用兆欧表检查线路的绝缘电阻不得小于 0.5MΩ。

（10）通电试车。通电前必须征得教师同意，并由教师接通电源和现场监护。

① 学生合上电源开关 QS 后，允许用万用表或测电笔检查主、控电路的熔体是否完好，但不得对线路接线是否正确进行带电检查。

② 第一次按下按钮时，应短时点动，以观察线路和电动机有无异常现象。

③ 试车成功率以通电后第一次按下按钮时计算。

④ 出现故障后，学生应独立进行检修，若需要带电检查时，必须有教师在现场监护。检修完毕再次试车，也应有教师监护，并做好实习时间记录。

⑤ 实训课题应在规定时间内完成。

2.4.4 常见故障及维修

三相异步电动机混合控制常见故障及维修方法见表 2-4-2。

表 2-4-2 三相异步电动机混合控制常见故障及维修方法

常见故障	故障原因	维修方法
电动机不启动	(1)熔断器熔体熔断 (2)交流接触器不动作 (3)热继电器未复位	(1)查明原因排除后更换熔体 (2)检查线圈或控制回路 (3)手动复位
缺相	动、静触头接触不良	对动静触头进行修复
跳闸	(1)电动机绕阻烧毁 (2)线路或端子板绝缘击穿	(1)更换电动机 (2)查清故障点排除
电动机不停车	(1)触头烧损粘连 (2)停止按钮接点粘连 (3)停车按钮接在自锁触头内	(1)拆开修复 (2)更换按钮 (3)更换位置
不能点动	点动按钮常闭触点没有串联在电动机的自锁控制电路中	重新接线
不能连续	自锁没有接上	重新接线

【实训考核】

任务完成质量评价参照表 2-4-3，定额时间由指导教师酌情增减。

表 2-4-3 任务完成质量评分表

项目内容	配分	评分标准	扣分	得分
器材准备	5	(1)不清楚元器件的功能及作用,扣2分 (2)不能正确选用元器件,扣3分		
工具 仪表的使用	5	(1)不会正确使用工具,扣2分 (2)不能正确使用仪表,扣3分		
装前检查	10	(1)电动机质量检查,每漏一处扣2分 (2)电气元件漏检或错检,每处扣2分		
安装元件	15	(1)不按布置图安装,扣5分 (2)元件安装不紧固,每只扣4分 (3)安装元件时漏装木螺钉,每只扣2分 (4)元件安装不整齐、不匀称、不合理,每只扣3分 (5)损坏元件,扣15分		

续表

项目内容	配分	评分标准	扣分	得分
布线	30	(1)不按电路图接线,扣10分 (2)布线不符合要求,主电路每根扣4分,控制电路每根扣2分 (3)接点松动、露铜过长、压绝缘层、反圈等,每个接点扣1分 (4)损伤导线绝缘或线芯,每根扣5分 (5)漏套或错套编码套管(教师要求),每处扣2分 (6)漏接接地线,扣10分		
通电试车	35	(1)热继电器未整定或整定错,扣5分 (2)熔体规格配错,主、控电路各扣5分 (3)第一次试车不成功,扣10分;第二次试车不成功,扣20分;第三次试车不成功,扣30分		
安全文明生产		违反安全文明生产规程、小组团队协作精神不强,扣5~40分		
定额时间		1h;每超时5min以内,按扣5分计算		
备注		除定额时间外,各项目的最高扣分不应超过配分数	成绩	
开始时间		结束时间	班级	姓名	

特别提示:

① 点动采用复合按钮,其常闭触点必须串联在电动机的自锁控制电路中;

② 通电试验车时,应先合上 QS,再按下按钮 SB2 或 SB3,并确保用电安全。

2.5　三相异步电动机正反转控制线路配盘实训

【实训目的】

① 了解电动机正反转控制电路各种工作状态及操作方法。

② 参照电气原理图和电气安装接线图,按照电气配盘工艺,在控制板上进行电动机正反转控制,熟悉电路元件的分布位置和走线情况。

③ 对在电动机正反转控制电路配盘上出现的故障进行检修。

【注意事项】

① 配盘通电时,必须有指导教师监护,以保证安全;

② 检修时所用工具、仪表应正确;

③ 检修时,严禁扩大故障范围或产生新的故障。

【实训准备】

1) 电气元件准备

电气元件明细见表 2-5-1。

表 2-5-1　电气元件明细表

代号	名称	推荐型号	推荐规格	数量
M	三相异步电动机	Y112M-4	4kW、380V、△接法、8.8A、1440r/min	1
QS	组合开关	HZ10-25/3	三相、额定电流25A	1
FU1	螺旋式熔断器	RL1-60/25	380V、60A、配熔体额定电流25A	3
FU2	螺旋式熔断器	RL1-15/2	380V、1.5A、配熔体额定电流2A	2
KM1	交流接触器	CJ10-20	20A、线圈电压380V	2
FR	热继电器	JR16-20/3	三极、20A、整定电流8.8A	1
SB	按钮	LA10-3H	保护式、500V、5A、按钮数3、复合按钮	1
XT1	端子排	JX2-1015	10A、15节、380V	1
XT2	端子排	JX2-1010	10A、10节、380V	1

2）工具准备

电笔、螺钉旋具、尖嘴钳、斜口钳、剥线钳、电工刀等。

3）仪表

ZC7（500V）型兆欧表、DT-9700型钳形电流表、MF-47型万用表（或数字式万用表DT9205）。

4）器材准备

（1）控制板一块（600mm×500mm×20mm）。

（2）导线规格：主电路采用1.5mm²BV（红色、绿色、黄色）；控制电路采用1mm²BV（黑色）；按钮线采用0.75mm²BVR（红色）；接地线采用1.5mm²BVR（黄绿双色）。导线数量由教师根据实际情况确定。

（3）紧固体和编码套管按实际需要发给。

2.5.1　三相异步电动机正反转控制电路认知

生产机械往往要求运动部件可以实现正、反两个方向的运动，例如大多数机床主轴的正向和反向转动，机床工作台的前进、后退，起重机械吊钩的上升和下降等，这就要求拖动它们的电动机能作正反向旋转。对三相交流电动机，只要改变电动机三相电源的相序，就能改变电动机的转向。在构成可逆控制电路时，在主电路中，采用两组接触器，主触点构成正转相序和反转相序接线；控制电路中，控制正转接触器线圈得电，其主触点闭合，电动机正转，或反转接触器线圈得电，其主触点闭合，电动机反转。再配置一定的机械联锁、电气联锁等，可使电路可靠工作。

笼型异步电动机典型正反转控制电路如图2-5-1所示。图中SB2、SB3是用

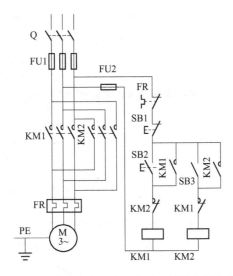

图 2-5-1 笼型异步电动机典型正反转控制电路

米实现正转或反转的复合按钮,具有机械联锁功能。另外,用于正、反转控制的接触器 KM1 和 KM2 的动断触点,分别串接在对方的工作线圈里构成电气联锁。该电路的工作过程如下:

(1)正转:按下 SB2,KM1 线圈得电,KM1 辅助触点闭合自锁、KM1 辅助触点断开(KM2 线圈无法通电,联锁),KM1 主触点闭合(电机正转)。

(2)由正转→反转:先按下 SB1,KM1 线圈失电,KM1 所有触点恢复原态,电动机停止运行。按下 SB3,KM2 线圈得电,KM2 辅助触点闭合自锁、KM2 辅助触点断开(KM1 线圈无法通电,联锁),KM2 主触点闭合(电机反转转)。

(3)停止:按下 SB1,线圈失电,所有触点恢复原态,电动机停止运行。

2.5.2 实训内容及要求

1)安装步骤

配盘电路的安装步骤见表 2-5-2。

表 2-5-2 配盘电路的安装步骤

安装步骤	内容	工艺要求
分析电路图	明确电路的控制要求、工作原理、操作方法、结构特点及所用电气元件的规格	画出电路的接线图与元件位置图
配齐电气元件	按电气原理图及负载电动机功率的大小配齐电气元件及导线	电气元件的型号、规格、电压等级及电流容量等符合要求
检查电气元件	外观检查	外壳无裂纹,接线桩无锈,零部件齐全
	电磁机构检查	动作灵活,衔铁不卡阻;线圈电压与电源电压相符,线圈无断路、短路
	元件触点检查	无熔焊、变形或严重氧化锈蚀现象

续表

安装步骤	内容	工艺要求
确定元器件安装位置	首先确定交流接触器的位置,然后再逐步确定其他电器的位置	元器件布置要整齐、合理,做到安装时便于布线,便于故障检修
安装元器件	安装固定组合开关、熔断器、接触器、热继电器和按钮等元件	(1)组合开关、熔断器的受电端子应安装在控制板的外侧 (2)紧固用力均匀,紧固程度适当,防止电气元件的外壳被压裂损坏
布线	按电气接线图确定走线方向并进行布线	(1)根据接线柱的不同形状加工线头 (2)布线平直、整齐、紧贴敷设面,走线合理 (3)接点不得松动 (4)尽量避免交叉,中间不能有接头

根据图 2-5-1 原理图所示,针对配盘电路选择合适的元件,并对其进行合理的布局,对主电路、控制电路连线进行调整,使每个接线端最多连接两条线,用线最少、最合理、连线美观。图 2-5-2 所示为电动机正反控制接线示意图,配盘过程中可以依据示意图完成接线。其安装步骤见表 2-5-2。

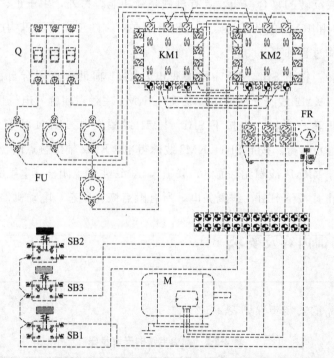

图 2-5-2 电动机正反转控制接线示意图

图 2-5-3 所示为电动机正反控制实训配线盘,实际有两种配线盘,学生可以对两种配线盘分别练习,并比较每种配线盘的优点与不足。多次完成配线连接,为更好地完成配线做准备。

2)通电前的检查

安装完毕的控制电路板,必须经过认真检查后,才能通电试车,以防止错

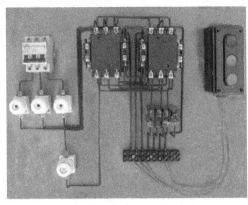 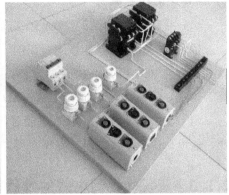

| (a) 配线盘(一) | (b) 配线盘(二) |

图 2-5-3　三相异步电动机正反转实训控制配线盘

接、漏接而造成控制功能不能实现或短路事故。通电前检查内容见表 2-5-3。

表 2-5-3　通电前检查内容

检查项目	检查内容	检查工具
接线检查	按电气原理图或电气接线图从电源端开始,逐段核对接线 (1)有无漏接,错接 (2)导线压接是否牢固,接触良好	电工常用工具
检查电路通断	(1)主回路有无短路现象(断开控制回路) (2)控制回路有无开路或短路现象(断开主回路) (3)控制回路自锁、联锁装置的动作及可靠性	万用表
检查电路绝缘	电路的绝缘电阻不应小于 1MΩ	500V 兆欧表

3) 通电试车

为保证人身安全,在通电试车时,应认真执行安全操作规程的有关规定:一人监护,一人操作。通电试车的操作步骤见表 2-5-4。

表 2-5-4　通电试车的操作步骤

项目	操作步骤	观察现象
空载试车 (不接电动机)	合上电源开关	用验电器检查熔断器出线端,氖管亮表示电源接通
	操作按钮(正转、反转、停止)	(1)接触器动作情况是否正常,是否符合电路功能要求 (2)电气元件动作是否灵活,有无卡阻或噪声过大等现象 (3)有无异味 (4)检查负载接线端子三相电源是否正常
负载试车 (连接电动机)	合上电源开关	电源接通是否正常
	按正转按钮	接触器动作情况是否正常,电动机是否正转
	按反转按钮	接触器动作情况是否正常,电动机是否反转
	按停止按钮	接触器动作情况是否正常,电动机是否停止
	电流测量	电动机平稳运行时,用钳形电流表测量三相电流是否平衡
	停转、断开电源	先拆除三相电源线,再拆除电动机线,完成通电试车

4）操作中的注意事项

（1）接触器联锁触点的接线必须正确，否则将会造成主电路中两相电源短路事故。

（2）螺旋式熔断器的接线要正确，以确保用电安全。

（3）通电试车时，应先合上 QS，再按下 SB1（或 SB2）及 SB3，查看控制是否正常，并在按下 SB1 后再按下 SB2，观察有无联锁作用。

（4）安装训练应在规定的定额时间内完成，同时要做到安全操作和文明生产。通电时应单手（右手）操作，要避免发生触电事故。

2.5.3　正反转控制电路的维修

继电器—接触器控制电路发生故障时，先要对故障现象进行调查，了解故障前后的异常现象，从而找出简单故障的部位及元件。如电动机绕组是否发热、冒烟，有关电气元件的连线是否松动脱落，熔断器的熔丝是否熔断等。对较为复杂的故障，这种调查也可确定故障的大致范围。

1）教师示范检修

（1）一般情况下先检查控制电路。操作某一只按钮时，电路中有关的接触器、继电器将按规定的动作顺序进行工作。若依次动作至某一电器时，发现动作不符合要求，即说明该电气元件或其相关电路有问题。在此电路中进行逐项分析和检查，一般便可发现故障。

（2）用测量法确定故障点，是维修电工工作中用来准确确定故障点的一种行之有效的检查方法。常用的测试工具和仪表有校验灯、验电器、万用表、钳形电流表、兆欧表等，主要通过对电路进行带电或断电时的有关参数，如电压、电阻、电流等的测量，来判断电气元件的好坏，电路的通断情况。在用测量法检查故障点时，一定要保证各种测量工具和仪表完好，使用方法正确，还要注意防止感应电（感应电是指本支路或回路没有通电而由于电磁感应产生的电压、电流和电动势）的影响，以免产生误判断。

（3）对故障点进行检修后，通电试车，用试验法观察下一个故障现象。找出故障点后，一定要针对不同故障情况和部位，相应地采取正确的修复方法，应尽量做到复原。不要轻易采用更换电气元件和补线等方法，更不允许轻易改动电路或更换规格不同的电气元件，以防止产生人为故障。

（4）进行故障分析后，确定第二个故障点范围，进行检测、检修。

（5）整理现场，做好维修记录。

2）故障维修中的操作要点

（1）在通电试验时，必须注意人身和设备的安全。要遵守安全操作规定，不得随意触动带电部位，要尽可能在切断电源的情况下进行，以免发生不良后果。

（2）用电阻测量方法检查故障时，一定要先切断电源。测量高电阻电气元件时，要将万用表的电阻挡转换到适当挡位。所测电路若与其他电路并联时，必须将该电路与其他电路断开，否则所量电阻值不准确。用测量法检查故障点时，一定要保证各种测量工具和仪表完好，使用方法正确，还要注意防止感应电、回路电（回路电是指控制本支路的开关等元件并未动作，由其他回路或支路的电流在该支路上产生的电压或电流）及其他并联支路的影响，以免产生误判断。

（3）在找出故障点和修复故障时，应注意不能把找出的故障点作为寻找故障的终点，还必须进一步分析查明产生故障的根本原因。

（4）通电试车时，要在指导教师的监护下进行，必须注意人身和设备的安全。严格遵守安全操作规程，不得随意触动带电部分，要尽可能切断电动机主电路电源，只在控制电路带电的情况下进行检查。

（5）清理现场时，要先断开电路板总电源开关，拉下总电源开关。整理电气线路，将检修过程涉及的各接线点重新紧固一遍；灭弧罩、熔断器帽等盖好旋紧；各导线整理规范美观。将板面的绝缘皮、废弃的线头等杂物清理干净。最后将电工工具、仪表和材料整齐摆放桌面，清扫地面。

（6）每次排除故障后，还应及时总结经验，并做好维修记录。记录的内容可包括：故障现象、部位、损坏的电器、故障原因、修复措施及修复后的运行情况等。

【实训考核】

三相异步电动机正反转控制线路配盘按表 2-5-5 技能考核标准表的内容进行评分。

表 2-5-5　技能考核标准表

项目	配分	技能考核标准	扣分	得分
文明生产	10	(1)遵守实训纪律 (2)保证实训器件与工具的完整性 (3)同一着装，穿戴安全用具 (4)服从实训教师安排		
元件安装布线	60	(1)线路走向交叉，每处扣 5 分 (2)线路不整齐规范，扣 10 分 (3)接线漏铜或过长，每处扣 3 分 (4)压绝缘层，每处扣 3 分 (5)绝缘层破损，每处扣 3 分 (6)损坏元件，每处扣 15 分 (7)接线反圈，每处扣 3 分 (8)接点松动，每处扣 2 分 (9)元件安装不牢，每处扣 5 分		
通电实验	20	(1)接线与原理图不符，每处扣 20 分 (2)严重短路不得分 (3)第一次试车不成功，扣 10 分 (4)第二次试车不成功，扣 20 分		

续表

项目	配分	技能考核标准	扣分	得分
实训报告	10	没按照报告要求完成或内容不正确,扣10分		
团结协作精神	10	小组成员分工协作不明确、不能积极参与,扣10分		
定额时间	30min;每超时5min及以内,按扣5分计算			
备注	除定额时间外,各项目的最高扣分不应超过配分		成绩	
开始时间		结束时间	班级	姓名

2.6 顺序控制电路配盘实训

【实训目的】

① 了解顺序控制电路控制电路各种工作状态及操作方法。

② 参照电气原理图和电气安装接线图,按照电气配盘工艺,在控制板上进行顺序控制,熟悉电路控制电气元件的分布位置和走线情况。

③ 对在顺序控制电路控制配盘上出现的故障进行检修。

【注意事项】

① 配盘通电时,必须有指导教师监护,以保证安全;

② 检修时所用工具、仪表应正确;

③ 检修时,严禁扩大故障范围或产生新的故障。

【实训准备】

1）电气元件准备

电气元件明细见表2-6-1。

表2-6-1 电气元件明细表

代号	名称	推荐型号	推荐规格	数量
M	三相异步电动机	Y-112M-4	4kW、380V、11.6A、△接法、1440r/min	1
M	三相异步电动机	Y90S-2	1.5kW、380V、3.4A、丫接法、2845r/min	1
QF	低压断路器	DZ5-20/330	三极、25A	1
FU	熔断器	RL1-15/2	500V、15A、配熔体2A	2
KM1、KM2	交流接触器	CJ10-20	20A、线圈电压380V	2
FR1	热继电器	JR16-20/3	三极、20A、整定电流11.6A	1
FR2	热继电器	JR16-10/3	三极、10A、整定电流8.3A	1
SB1～SB4	按钮	LA10-3H	保护式、复合按钮(停车用红色)	4
XT1	端子排	JX2-1015	10A、15节、380V	1
XT2	端子排	JX2-1010	10A、10节、380V	1

2）工具准备

测电笔、螺钉旋具、尖嘴钳、斜口钳、剥线钳、电工刀等。

3）仪表

ZC7（500V）型兆欧表、DT-9700 型钳形电流表，MF-47 型万用表（或数字式万用表 DT9205）。

4）器材准备

（1）控制板一块（600mm×500mm×20mm）。

（2）导线规格：主电路采用 $1.5mm^2$ BV（红色、绿色、黄色）；控制电路采用 $1mm^2$ BV（黑色）；按钮线采用 $0.75mm^2$ BVR（红色）；接地线采用 $1.5mm^2$ BVR（黄绿双色）。导线数量由教师根据实际情况确定。

（3）紧固体和编码套管按实际需要发给，走线槽若干。

2.6.1 主电路实现电动机顺序控制电路认知

车床主轴转动时，要求油泵先给润滑油，主轴停止后，油泵方可停止润滑，即要求油泵电动机先启动，主轴电动机后启动，主轴电动机停止后，才允许油泵电动机停止，实现这种控制功能的电路就是顺序控制电路。在生产实践中，根据生产工艺的要求，经常要求各种运动部件之间或生产机械之间能够按顺序工作。

电动机 M2 主电路的交流接触器 KM2 接在接触器 KM1 之后，只有 KM1 的主触点闭合后，KM2 才可能闭合，这样就保证了 M1 启动后，M2 才能启动的顺序控制要求。如图 2-6-1 所示。

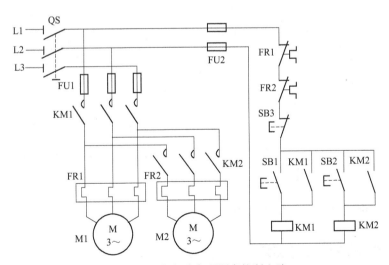

图 2-6-1 主电路实现顺序控制电路

合上电源开关 QS，按下 SB1→KM1 线圈得电→KM1 主触点闭合→电动机

M1 启动连续运转→再按下 SB2→KM2 线圈得电→KM2 主触点闭合→电动机 M2 启动连续运转。

按下 SB3→KM1 和 KM2 主触点分断→电动机 M2 和 M1 同时停转。

电动机 M2 的控制电路先与接触器 KM1 的线圈并接后，再与 KM1 的自锁触点串接，而 KM2 的常开触点与 SB1 并联，这样就保证了 M1 启动后，M2 才能启动以及 M2 停车后 M1 才能停车的顺序控制要求。如图 2-6-2 所示。

合上电源开关 QS，按下 SB2→KM1 线圈得电→KM1 主触点闭合→电动机 M1 启动连续运转→再按下 SB4→KM2 线圈得电→KM2 主触点闭合→电动机 M2 启动连续运转。按下 SB3→KM2 线圈失电→KM2 主触点分断和 KM2 两个常开辅助触点断开→电动机 M2 停转→再按下 SB1→KM1 主触点分断和 KM1 两个常开辅助触点断开→电动机 M1 停转。

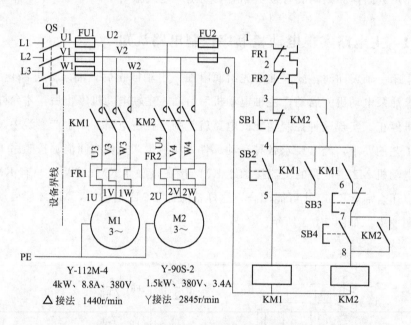

图 2-6-2　顺序启动、逆顺序停止控制电路

不同生产机械的控制要求不同，顺序控制电路有多种多样的形式，可以通过不同的电路来实现顺序控制功能，满足生产机械的要求。对于图 2-6-3 所示的控制电路，读者可自行总结。

2.6.2　任务实施与故障分析

1）任务实施步骤及工艺要求

（1）绘制并读懂顺序控制线路电路图 2-6-3，给线路元件编号，明确线路所用元件及作用。

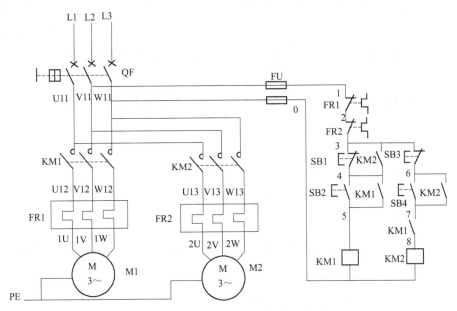

图 2-6-3 某车床顺序控制控制电路图

（2）按表 2-6-1 配置所用电气元件并检验型号及性能。

（3）在控制板上安装电气元件，并标注醒目的文字符号，如图 2-6-4 所示。

（4）按接线图 2-6-4 进行板前明线布线和套编码套管，了解板前明线布线的工艺要求。

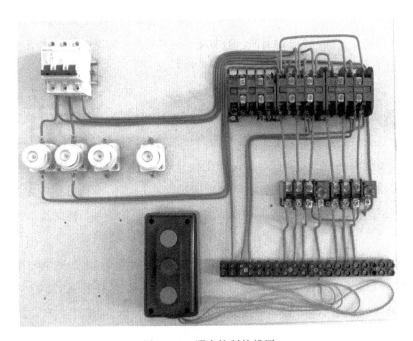

图 2-6-4 顺序控制接线图

（5）根据电路图 2-6-4 检查控制板布线的正确性。

① 主电路接线检查。按电路图或接线图，从电源端开始，逐段核对接线有无漏接、错接之处，检查导线接点是否符合要求，压接是否牢固，以免带负载运行时产生闪弧现象。检查主电路时，可以手动来代替受电线圈励磁吸合时的情况进行检查。

② 控制电路接线检查。用万用表电阻挡或数字式万用表的蜂鸣器检查控制电路接线情况。重点对按钮和接触器触点的接线进行检测。

（6）安装电动机。

（7）连接电动机和按钮金属外壳的保护接地线。

（8）连接电源、电动机等控制板外部的导线。

（9）通电试车。

接电前必须征得教师同意，并由教师接通电源和现场监护。做好线路板的安装检查后，按安全操作规定进行试运行，即一人操作，一人监护。

接通三相电源 L1、L2、L3，合上电源开关 QS，用电笔检查熔断器出线端，氖管亮说明电源接通。分别按下启动按钮 SB2 和 SB4，以及停车按钮 SB3 和 SB1，观察是否符合线路功能要求，观察电气元件动作是否灵活，有无卡阻及噪声过大现象，观察电动机运行是否正常。若有异常，立即停车检查。

2）电路故障分析

（1）KM1 不能实现自锁。分析其原因可能有两个：①KM1 的辅助接点接错，接成常闭接点，KM1 吸合常闭断开，所以没有自锁；②KM1 常开和 KM2 常闭位置接错，KM1 吸合式 KM2 还未吸合，KM2 的辅助常开是断开的，所以 KM1 不能自锁。

（2）不能实现顺序启动，可以先启动 M2。分析：M2 可以先启动，说明 KM2 的控制电路中的 KM1 常开互锁辅助触头没起作用，KM1 的互锁触头接错或没接，这就使得 KM2 不受 KM1 控制而可以直接启动。

（3）不能顺序停止，KM1 能先停止。分析：KM1 能停止这说明 SB1 起作用，并接的 KM2 常开接点没起作用。原因可能在以下两个地方：①并接在 SB1 两端的 KM2 辅助常开接点未接；②并接在 SB1 两端的 KM2 辅助接点接成了常闭接点。

（4）SB1 不能停止。分析：原因可能是 KM1 接触器用了两个辅助常开接点，KM2 只用了一个辅助常开接点，SB1 两端并接的不是 KM2 的常开而是 KM1 的常开，由于 KM1 自锁后常开闭合所以 SB1 不起作用。

【实训考核】

任务完成质量评价参照表 2-6-2，定额时间由指导教师酌情增减。

表 2-6-2　任务完成质量评分表

项目内容	配分	评分标准	扣分	得分
器材准备	5	(1)不清楚元器件的功能及作用,扣2分 (2)不能正确选用元器件,扣3分		
工具 仪表的使用	5	(1)不会正确使用工具,扣2分 (2)不能正确使用仪表,扣3分		
装前检查	10	(1)电动机质量检查,每漏一处扣2分 (2)电气元件漏检或错检,每处扣2分		
安装元件	15	(1)不按布置图安装,扣5分 (2)元件安装不紧固,每只扣4分 (3)安装元件时漏装木螺钉,每只扣2分 (4)元件安装不整齐、不匀称、不合理,每只扣3分 (5)损坏元件,扣15分		
布线	30	(1)不按电路图接线,扣10分 (2)布线不符合要求:主电路每根扣4分。控制电路每根扣2分 (3)接点松动、露铜过长、压绝缘层、反圈等,每个接点扣1分 (4)损伤导线绝缘或线芯,每根扣5分 (5)漏套或错套编码套管(教师要求),每处扣2分 (6)漏接接地线,扣10分		
通电试车	35	(1)热继电器未整定或整定错,扣5分 (2)熔体规格配错,主、控电路各扣5分 (3)第一次试车不成功,扣10分;第二次试车不成功,扣20分;第三次试车不成功,扣30分		
安全文明生产		违反安全文明生产规程、小组团队协作精神不强,扣5~40分		
定额时间		1h;每超时5min以内以扣5分计算		
备注		除定额时间外,各项目的最高扣分不应超过配分数	成绩	
开始时间		结束时间　　　　班级　　　　姓名		

特别提示:

① 要求甲接触器 KM1 动作后乙接触器 KM2 才能动作,则将甲接触器的常开触点串在乙接触器的线圈电路;

② 要求乙接触器 KM2 停止后甲接触器 KM1 才能停止,则将乙接触器的常开触点并接在甲停止按钮的两端。

2.7　Y-△降压启动控制线路配盘实训

【实训目的】

① 了解电动机Y-△降压控制电路各种工作状态及操作方法。

② 参照电气原理图和电气安装接线图,按照电气配盘工艺,在控制板上进行电动机Y-△降压手动控制,熟悉电气元件的分布位置和走线情况。

③ 对在电动机丫-△降压手动控制配盘上出现的故障进行检修。

【注意事项】

① 配盘上电时，必须有指导教师监护，以保证安全。

② 检修时所用工具、仪表应正确。

③ 检修时，严禁扩大故障范围或产生新的故障。

【实训准备】

1）电气元件准备

电气元件明细见表 2-7-1。

表 2-7-1　电气元件明细表

代号	名称	推荐型号	推荐规格	数量
M	三相异步电动机	Y132S-4	5.5kW、380V、11.6A、△接法	1
QS	组合开关	HZ10-25/3	三极、25A	1
FU1	熔断器	RL1-60/25	500V、60A、配熔体 25A	3
FU2	熔断器	RL1-15/2	500V、15A、配熔体 2A	2
KM1、KM2、KM3	交流接触器	CJ10-20	20A、线圈电压 380V	3
KT	时间继电器	JS7-2A	线圈电压 380V	1
FR	热继电器	JR16-20/3	三极、20A、整定电流 11.6A	1
SB1、SB2	按钮	LA10-3H	保护式、按钮数 3	1
XT1	端子排	JX2-1015	10A、15 节、380V	1

2）工具准备

测电笔、螺钉旋具、尖嘴钳、斜口钳、剥线钳、电工刀等。

3）仪表准备

ZC7（500V）型兆欧表、DT-9700 型钳形电流表，MF-47 型万用表（或数字式万用表 DT9205）。

4）器材准备

（1）控制板一块（600mm×500mm×20mm）。

（2）导线规格：主电路采用 1.5mm² BV（红色、绿色、黄色）；控制电路采用 1mm² BV（黑色）；按钮线采用 0.75mm² BVR（红色）；接地线采用 1.5mm² BVR（黄绿双色）。导线数量由教师根据实际情况确定。

（3）紧固体和编码套管按实际需要发给，走线槽若干。

2.7.1　Y-△降压转换器手动降压启动电路认知

电动机Y-△降压启动是指把正常工作时电动机三相定子绕组作△连接的电动机，启动时换接成按Y型连接，待电动机启动好之后，再将电动机三相定子绕组按△型连接，使电动机在额定电压下工作。采用Y-△降压启动，可以减少启动电流，其启动电流仅为直接启动时的1/3，启动转矩也为直接启动时的1/3。大多数功率较大△接法的三相异步电动机降压启动都采用这种方法。Y-△降压启动控制电路一般分为 3 种，第一种是利用Y-△降压转换器手动实现；第二种是利用按钮、接触器控制的Y-△降压启动电路；第三种是利用时间继电器来控制的Y-△降压启动电路。下面分别介绍三种Y-△降压启动电路的工作原理和工作过程。如图 2-7-1（a）所示。

手动控制的Y-△启动器电路结构简单，操作也方便。它不需控制电路，直接用手动方式拨动手柄，切换主电路达到降压启动的目的。常用手动Y-△启动器的外形结构如图 2-7-1(b) 所示。

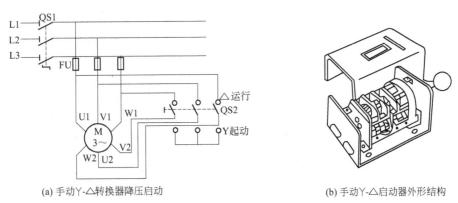

(a) 手动Y-△转换器降压启动　　　　　　　(b) 手动Y-△启动器外形结构

图 2-7-1　手动Y-△启动器的结构图

其控制过程如下：闭合电源开关 QS1。

（1）Y降压启动。将三刀双掷开关 QS2 扳到Y启动位置，此时定子绕组接成星形，实现星形降压启动。

（2）△稳定运行。待电动机转速接近稳定时，再把三刀双掷开关 QS2 扳到△运行位置，实现三角形全压稳定运行。

（3）停止。断开 QS1→电动机 M 失电停转。

2.7.2　时间继电器自动控制的Y-△降压启动电路认知

（1）时间继电器自动控制的Y-△降压启动电路工作原理。常见的Y-△降压启动自动控制线路如图 2-7-2 所示。图中主电路由 3 只接触器 KM1、KM2、KM3 主触点的通断配合，分别将电动机的定子绕组接成Y或△。当 KM1、KM3

线圈通电吸合时，其主触点闭合，定子绕组接成丫；当 KM1、KM2 线圈通电吸合时，其主触点闭合，定子绕组接成△。两种接线方式的切换由控制电路中的时间继电器定时自动完成。

（2）动作过程。闭合电源开关 QS。

① 丫启动△运行。

② 停止。按下 SB1→控制电路断电→KM1、KM2、KM3 线圈断电释放→电动机 M 断电停车。

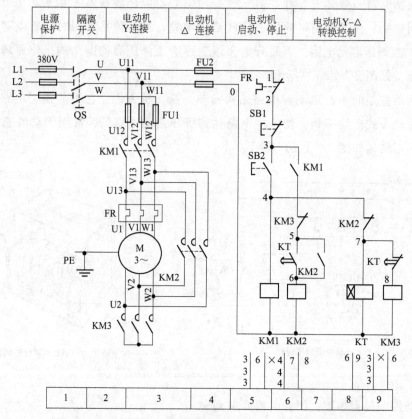

图 2-7-2　时间继电器自动控制的丫-△降压启动电路原理图

2.7.3　项目实施步骤及工艺要求

（1）绘制并读懂星-三角转换降压启动自动控制线路电路图，给线路元件编号，明确线路所用元件及作用。

（2）按表 2-7-1 配置所用电气元件，并检验型号及性能。

（3）在控制板上安装电气元件，并标注醒目的文字符号，如图 2-7-3 所示。

（4）按接线图进行板前明线布线和套编码套管。

（5）根据电路图检查控制板布线的正确性。

① 主电路接线检查。按电路图或接线图，从电源端开始，逐段核对接线有无漏

接、错接之处，检查导线接点是否符合要求，压接是否牢固，以免带负载运行时产生闪弧现象。检查主电路时，可以手动来代替受电线圈励磁吸合时的情况进行检查。

② 控制电路接线检查。用万用表电阻挡或数字式万用表的蜂鸣器检查控制电路接线情况。重点检测接触器线圈的电阻，触点的通断情况；时间继电器线圈的电阻，延时触点的通断以及按钮动合、动断触点的检测、热继电器的检测、熔断器的检测等。

（6）安装电动机。

（7）连接电动机和按钮金属外壳的保护接地线。

（8）连接电源、电动机等控制板外部的导线。

（9）通电试车。

接电前必须征得教师同意，并由教师接通电源和现场监护。做好线路板的安装检查后，按安全操作规定进行试运行，即一人操作，一人监护。

接通三相电源 L1、L2、L3，合上电源开关 QS，用电笔检查熔断器出线端，氖管亮说明电源接通。分别按下 SB2 和 SB1，观察是否符合线路功能要求，观察电气元件动作是否灵活，有无卡阻及噪声过大现象，观察电动机运行是否正常。若有异常，立即停车检查。

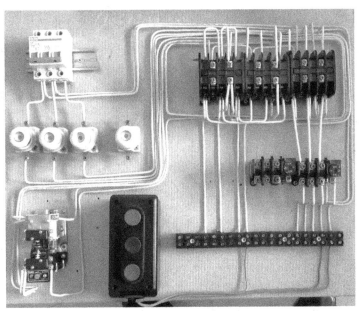

图 2-7-3 星-三角降压启动时间继电器自动控制接线样板图

2.7.4 电路的故障分析

1）Y-△启动控制电路的常见故障

（1）按下启动按钮 SB2，电机不能启动。分析：主要原因可能是接触器接线有误，自锁、互锁没有实现。

（2）由星形接法无法正常切换到三角形接法，要么不切换，要么切换时间太短。分析：主要原因是时间继电器接线有误或时间调整不当。

（3）启动时主电路短路。分析：主要原因是主电路接线错误。

（4）丫启动过程正常，但三角形运行时电动机发出异常声音转速也急剧下降。分析：接触器切换动作正常，表明控制电路接线无误。问题出现在接上电动机后，从故障现象分析，很可能是电动机主回路接线有误，使电路由丫接转到△接时，送入电动机的电源顺序改变了，电动机由正常启动突然变成了反序电源制动，强大的反向制动电流造成了电动机转速急剧下降和异常声音。处理故障：核查主回路接触器及电动机接线端子的接线顺序。

2）注意事项

（1）电动机必须安放平稳，以防止在可逆运转时产生滚动而引起事故，并将其金属外壳可靠接地。进行星形-三角自动降压启动的电动机，必须是有6个出线端子且定子绕组在△接法时的额定电压等于380V。

（2）要注意电路星形-三角自动降压启动换接，电动机只能进行单向运转。

（3）要特别注意接触器的触点不能错接，否则会造成主电路短路事故。

（4）接线时，不能将接触器的辅助触点进行互换，否则会造成电路短路等事故。

（5）通电校验时，应先合上 QS，用检验 SB2 按钮的控制是否正常，并在按SB2 后 6s，观察星形-三角自动降压启动作用。

【实训考核】

任务完成质量评价参照表 2-7-2，定额时间由指导教师酌情增减。

表 2-7-2　任务完成质量评分表

项目内容	配分	评分标准	扣分	得分
器材准备	5	（1）不清楚元器件的功能及作用，扣 2 分 （2）不能正确选用元器件，扣 3 分		
工具 仪表的使用	5	（1）不会正确使用工具，扣 2 分 （2）不能正确使用仪表，扣 3 分		
装前检查	10	（1）电动机质量检查，每漏一处扣 2 分 （2）电气元件漏检或错检，每处扣 2 分		
安装元件	15	（1）不按布置图安装，扣 5 分 （2）元件安装不紧固，每只扣 4 分 （3）安装元件时漏装木螺钉，每只扣 2 分 （4）元件安装不整齐、不匀称、不合理，每只扣 3 分 （5）损坏元件，扣 15 分		

续表

项目内容	配分	评分标准	扣分	得分
布线	30	(1)不按电路图接线,扣 10 分 (2)布线不符合要求:主电路每根扣 4 分。控制电路每根扣 2 分 (3)接点松动、露铜过长、压绝缘层、反圈等,每个接点扣 1 分 (4)损伤导线绝缘或线芯,每根扣 5 分 (5)漏套或错套编码套管(教师要求),每处扣 2 分 (6)漏接接地线,扣 10 分		
通电试车	35	(1)热继电器未整定或整定错,扣 5 分 (2)熔体规格配错,主、控电路各扣 5 分 (3)第一次试车不成功,扣 10 分;第二次试车不成功,扣 20 分;第三次试车不成功,扣 30 分		
安全文明生产		违反安全文明生产规程、小组团队协作精神不强,扣 5~40 分		
定额时间		1h;每超时 5min 以内,按扣 5 分计算		
备注		除定额时间外,各项目的最高扣分不应超过配分数	成绩	
开始时间		结束时间　　　　班级　　　　姓名		

特别提示:

① Y-△降压启动电路,只适用于△形接法的异步电动机,进行星形-三角形启动接线时,应先将电动机接线盒的连接片拆除,必须将电动机的 6 个出线端子全部引出;

② 接线时要注意电动机的三角形接法不能接错,应将电动机定子绕组的 U1、V1、W1 通过 KM2 接触器分别与 W2、U2、V2 相连,否则会产生短路现象;

③ KM3 接触器的进线必须从三相绕组的末端引入,若误将首端引入,则 KM3 接触器吸合时,会产生三相电源短路事故;

④ 接线时应特别注意电动机的首尾端接线相序不可有错,如果接线有错,在通电运行会出现启动时电动机正转,运行时电动机反转,导致电动机突然反转电流剧增烧毁电动机或造成掉闸事故。

线路分析与故障排除

【项目描述】

电气控制电路的形式很多，复杂程度不一，它的故障常常和机械系统交错在一起，难以分辨。这就要求我们首先要对电路原理认知，并掌握正确的维修方法。本项目重点介绍电气控制电路分析与故障排除，为以后实际生产工作做好准备。

【项目目标】

① 了解电气控制电路故障检修方法。

② 利用万用表等测量工具进行实际电路故障检测。

③ 对检测后实际电路进行修复。

④ 可以对机床上复杂电气控制电路进行故障检查与排除。

3.1 电动机丫-△降压手动控制故障检修技能实训

【实训目的】

（1）了解电动机丫-△降压手动控制电路各种工作状态及操作方法。

（2）参照电气原理图和电气安装接线图，熟悉电动机丫-△降压手动控制电气元件的分布位置和走线情况。

（3）在电动机丫-△降压手动控制配盘上人为设置故障点，设置故障时应注意以下几点：

① 人为设置故障必须是配盘在使用中由于受外界因素影响而造成的故障；

② 切忌设置更改线路或更换元件等由于人为原因而造成的故障；

③ 设置的故障应与学生具备的能力相适应；

④ 学生检修故障练习时，教师必须在现场密切观察学生操作，随时做好采

取应急措施的准备。

（4）教师进行检修示范，示范时应边讲解边检修。

①根据故障现象用逻辑分析法确定故障范围；

②再用电阻法检查故障；

③用电压法检查故障；

④用验电笔检查故障；

⑤排除电路中故障，并通电试车；

⑥教师设置故障点，主电路一处、控制电路一处，让学生进行检修练习。

【注意事项】

①带电检修时，必须有指导教师监护，以保证安全；

②检修时所用工具、仪表应正确；

③检修时，严禁扩大故障范围或产生新的故障。

【实训准备】

1）电气元件准备

使用的主要电气元件见表 3-1-1。

表 3-1-1　电气元件明细

代号	名称	推荐型号	推荐规格	数量
M	三相异步电动机	Y132S-4	5.5kW、380V、11.6A、△接法	1
QS	组合开关	HZ10-25/3	三极、25A	1
FU1	熔断器	RL1-60/25	500V、60A、配熔体 25A	3
FU2	熔断器	RL1-15/2	500V、15A、配熔体 2A	2
KM1、KM2、KM3	交流接触器	CJ10-20	20A、线圈电压 380V	3
KT	时间继电器	JS7-2A	线圈电压 380V	1
FR	热继电器	JR16-20/3	三极、20A、整定电流 11.6A	1
SB1、SB2	按钮	LA10-3H	保护式、按钮数 3	1
XT1	端子排	JX2-1015	10A、15 节、380V	1

注：低压断路器和组合开关任其一。

2）工具准备

测电笔、螺钉旋具、尖嘴钳、斜口钳、剥线钳、电工刀等。

3）仪表准备

DT-9700 型钳形电流表，MF-47 型万用表（或数字式万用表 DT9205）。

4）器材准备

（1）控制板一块（600mm×500mm×20mm）。

（2）导线规格：主电路采用 1.5mm² BV（红色、绿色、黄色）；控制电路采用 1mm² BV（黑色）；按钮线采用 0.75mm² BVR（红色）；接地线采用 1.5mm² BVR（黄绿双色）。导线数量由教师根据实际情况确定。

3.1.1 电气控制电路故障

电动机控制电路的故障一般可分为自然故障和人为故障两类。

自然故障是由于电气设备运行过载：振动或金属屑、油污侵入等原因引起，造成电气绝缘下降，触头熔焊和接触不良，散热条件恶化，甚至发生接地或短路。

人为故障是由于在维修电气故障时没有找到真正的原因或操作不当，不合理地更换元器件或改动电路，或者在安装电路时布线错误等原因引起。

一个电气控制电路，往往由若干个电气基本单元组成，每个基本单元由若干电气元件组成，而每个电气元件又由若干零件组成，但是，故障往往只是由于某个或某几个电气元件、部件或接线有问题而产生的。因此，只要善于学习，善于总结经验，从而找出规律，掌握正确的维修方法，就一定能迅速准确地排除故障。下面介绍电动机控制电路发生自然故障后的一般检修步骤和方法。

1）电气控制电路故障检修步骤认识

（1）经常看、听、检查设备运行状况，善于发现故障。

（2）根据故障现象，依据电气原理图找出故障发生的部位或回路，并尽可能地缩小故障范围，在故障部位或回路找出故障点。

（3）根据故障点的不同情况，采用正确的检修方法，排除故障。

（4）通电空载校验或局部空载校验。

（5）试运行正常后，投入运行。

在以上检修步骤中，找出故障点是检修的难点和重点。在寻找故障点时，首先应该分清发生故障的原因，是属于电气故障，还是机械故障；同时还要分清故障是属于电气线路故障，还是电气元件的机械结构故障。

2）电气控制电路故障检查方法认知

常用的电气控制电路的故障检查和分析方法有：调查研究法、试验法、逻辑分析法、电阻测量法、验电笔检测法、导线短接法和电压测量法等几种。在一般情况下，调查研究法能帮助找出故障现象；试验法不仅能找出故障现象，而且还能找出故障部位或故障回路；逻辑分析法是缩小故障范围的有效方法；测量法是找出故障点的最基本、可靠和有效的方法。

（1）调查研究法

主要是通过以下几个方面来进行分析并进行检修：询问设备操作工人，看有无由于故障引起明显的外观征兆，听设备各电气元器件在运行时的声音与正常运行时有无明显差异，用手摸电气发热元件及电路的温度是否正常等。

（2）试验法

在不损伤电气、机械设备的条件下，可进行通电试验。一般可先点动试验各控制环节的动作程序，若发现某一电气动作不符合要求，即说明故障范围在与此电气有关的电路中。然后在这一部分故障电路中进一步检查，便可找出故障点。

（3）逻辑分析法

逻辑分析法是根据电气控制电路工作原理，控制环节的动作程序，以及它们之间的联系，结合故障现象作具体的分析，迅速地缩小检查范围，然后判断故障所在。逻辑分析法是一种以准为前提、以快为目的的检查方法，它更适用于对复杂电路的故障检查。在使用时，应根据电气原理图，对故障现象作具体分析，在划出可疑范围后，再借鉴试验法，对与故障回路有关的其他控制环节进行控制，就可排除公共支路部分的故障，使貌似复杂的问题变得条理清晰，从而提高维修的针对性，可以收到准而快的效果。

（4）电阻测量法

利用万用表的电阻挡检测元件是否存在短路或断路故障的方法，必须是在断电情况下进行，这样比较安全，在实际中使用较多。图3-1-1所示是一台三相异步电动机控制电路的一部分，若按下启动按钮SB2，接触器KM不吸合，电动机无法启动，说明电路有故障。运用电阻测量法时，先断开电源，再将控制电路从主电路上断开，量出接触器线圈的阻值并记录下来。

① 分阶测量法。如图3-1-1所示，按下SB2不放松，测出1-7点电阻，正常应为接触器线圈电阻值，若为零，说明接触器线圈短路；若为无穷大，说明电路有断路，需逐级分阶测量1-2、1-3、1-4、1-5、1-6各电气触头两点间的电阻值，正常阻值应为零，若某两点间阻值突然增大，则说明表笔刚跨过的触头或连接导线接触不良或断路。这种测量方法像台阶一样，所以称为分阶测量法。也可分阶测量6-7、5-7、4-7、3-7、2-7、1-7各点间的电阻值进行故障分析。

② 分段测量法。如图3-1-2所示，按下SB,不放松，分段测量各对电器触头之间的电阻值，即测量1-2、2-3、3-4、4-5、5-6各点之间的电阻值，正常应为零，若为无穷大，则说明该两点间的触头接触不良或导线断路。再测6-7点之间电阻值，正常应为接触器线圈电阻值，若为零，则接触器线圈被短路，若为无穷大，则说明接触器线圈断路或接线端接触不良。

（5）电压测量法

检测电压时将万用表拨到交流500V挡。

① 分阶测量法。电压分阶测量法如图3-1-3所示。若按下启动按钮SB2，接触器KM不吸合，说明电路有故障。

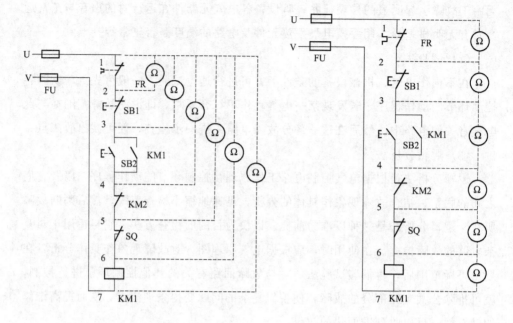

图 3-1-1　电阻分阶测量法　　　图 3-1-2　电阻分段测量法

检查时，首先用万用表测量 1-7 两点间的电压，若电路正常，应为 380V。然后，按住启动按钮 SB2 不放，同时将黑色表笔接到点 7 上，红色表笔按点 6、5、4、3、2 标号依次向前移动，分别测量 7-6、7-5、7-4、7-3、7-2 各阶之间的电压，电路正常情况下，各阶的电压值均应为 380V。如测到 7-6 之间无电压，说明是断路故障，此时可将红色表笔向前移，当移至某点（如点 2）时电压正常，说明点 2 以前的触头或接线是完好的，而点 2 以后的触头或连接线有断路，一般是该点后第一个触头（即刚跨过的停止按钮的触头）或连接线断路。分阶测量法可向上测量（即由点 7 向点 1 测量），也可向下测量，即依次测量 1-2、1-3、1-4、1-5、1-6 各阶之间的电压。特别注意向下测量时，若各阶电压等于电源电压，说明测过的触头或连接导线有断路故障。

② 分段测量法。电压分段测量法如图 3-1-4 所示。先用万用表测试 1-7 两点电压，电压值为 380V，说明电源电压正常。

电压的分段测量法是将红、黑两根表笔逐段测量相邻两标号点 1-2、2-3、3-4、4-5、5-6、6-7 间的电压。

如电路正常，除 6-7 两点之间的电压等于 380V 之外，其他任何相邻两点之间的电压值均为零。

如按下启动按钮 SB2，接触器 KM 不吸合，说明电路断路，此时可用电压表逐段测试各相邻两点之间的电压。如测量到某相邻两点间的电压为 380V 时，说明这两点之间所包含的触头、连接导线接触不良或有断路。例如标号 4-5 两点之间的电压为 380V，说接触器 KM2 的常闭触头接触不良，未导通。

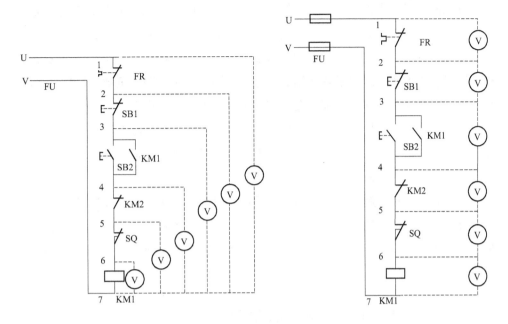

图 3-1-3　电压分阶测量法　　　　　　图 3-1-4　电压分段测量法

（6）验电笔检测法

对于简单的电气控制电路，可以在带电状态下用验电笔判断电源好坏，如用验电笔碰触主电路组合开关及三个熔断器输出端，若氖管发光均较亮或电笔显示正常电压值，则电源是好的；若其中一相亮度不亮或电笔显示电压不正常，则说明电源存在缺相故障。对于图 3-1-4 所示的控制电路，当按下 SB2 不放松时，可用验电笔分别在 1、2、3、4、5、7 点处接触电路带电部分，若氖管发光较亮或电笔显示电压正常，则说明该点以前电路是好的；若氖管亮度不亮或电笔显示电压不正常，则说明该点与前点间的电气触头或电路接触不良或断路。

需注意的是该控制电路两端所接是相线，额定电压为 380V，如果验电笔在分别碰触 6、7 点时，氖管均较亮或电笔显示电压正常，而接触器仍不动作，此时就要借助万用表来进行测量，若接触器线圈两端电压为额定值，则说明线圈有断路故障；若接触器线圈两端电压为零，说明线圈两接线端子或两端连接线有接触不良或断路故障。

（7）导线短接法

导线短接法比较适合于在电路带电状态下判断电气触头的接触不良和导线的断路故障。如图 3-1-4 所示控制电路，按下 SB2 时，接触器不动作，说明电路有故障，此时用一段导线以逐段短接法来缩小故障范围。用导线依次短接 1-2、2-3、3-4、4-5、5-6 各点，绝对不允许短接 6-7 点，否则会引起电源短路。若短接某两点后接触器能动作，说明这两点间的电器触头或导线存在接触不良或断路故障；若短接后接触器仍不动作，就只有借助万用表检测接触器线圈及其接线端判断有无故障了。在操作时，也可短接 1-2、1-3、1-4、1-5、1-6 各点进行判定。

应用导线短接法时，必须注意人身及设备的安全，要遵守安全操作规程，不得随意触动带电部分，尽可能切断主电路，只在控制电路带电的情况下进行检查，同时一定不要短接接触器线圈、继电器线圈等控制电路的负载，以免引起电源短路，并要充分估计到局部电路动作后可能发生的不良后果。

以上测量法是利用验电笔、万用表等对电路进行带电或断电测量，是找出故障点的有效方法。在测量时要特别注意是否有并联支路或其他回路对被测电路的影响，以防产生误判断。

总之，电动机控制电路的故障不是千篇一律的，即使是同一种故障现象，发生的部位也不一定相同。所以在故障检修时，不要生搬硬套，而应按不同的故障情况灵活处理，力求迅速准确地找出故障点，判明故障原因，及时正确排除故障。

3.1.2 丫-△降压手动控制电路故障检修

1）电动机丫-△降压手动控制

凡正常运行时定子绕组接成三角形的是三相笼型异步电动机，在启动时临时成星形，待电动机启动后接近额定转速时，在将定子绕组通过丫-△降压启动装置接换成三角形运行，这种启动方法叫做丫-△降压启动。属于电动机降压启动的一种方式，由于启动时定子绕组的电压只有原运行电压的，启动力矩较小只有原力矩的，所以这种启动电路适用于轻载或空载启动的电动机。

2）线路控制认知

（1）如图 3-1-5 所示，合上空气开关 QF 接通三相电源。

（2）按下启动按钮 SB2，首先，交流接触器 KM3 线圈通电吸合，KM3 的三对主触头将定子绕组尾端连在一起。KM3 的辅助常开触点接通使交流接触器 KM1 线圈通电吸合，KM1 三对主常触头闭合，接通电动机定子三相绕组的首端，电动机在 Y 连接状态下低压启动。

（3）随着电动机转速的升高，待接近额定转速时（或观察电流表接近额定电流时），按下运行按钮 SB3，此时 SB3 的常闭触点断开 KM3 线圈的回路，KM3 失电释放，常开主触头释放，将三相绕组尾端连接打开，SB3 的常开接点接通中间继电器 KA 线圈通电吸合，KA 的常闭接点断开 KM3 电路（互锁），KM3 的常开接点吸合，通过 SB2 的常闭接点和 KM1 常开互锁接点实现自保，同时通过 KM3 常闭接点（互锁），使接触器 KM2 线圈通电吸合，KM2 主触头闭合，将电动机三相绕组连接成△，使电动机在△接法下运行。完成了丫-△降压启动的任务。图 3-1-6 所示是笼型三相异步电动机丫-△降至手动控制接线示意图。

（4）热继电器 FR 作为电动机的过载保护，热继电器 FR 的热元件接在三角形的里面，流过热继电器的电流是相电流，定值时应按电动机额定电流进行计算。

（5）KM2 及 KM3 常闭触点构成互锁环节，保证了电动机丫-△接法不可能同时出现，避免发生将电源短路事故。

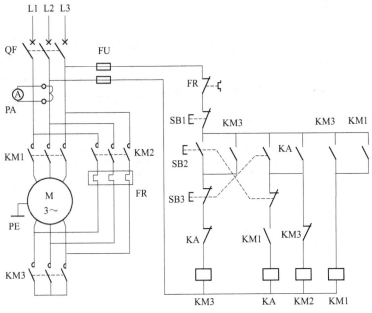

图 3-1-5 笼型三相异步电动机丫-△降压手动控制电路原理图

3）安装注意事项

（1）丫-△降压启动电路，只适用于△形接线，380V 的笼型异步电动机。不可用于丫形接线的电动机应为启动时已是丫形接线，电动机全压启动，当转入△形运行时，电动机绕组会应电压过高而烧毁。

（2）接线时应先将电动机接线盒的连接片拆除。

（3）接线时应特别注意电动机的首尾端接线相序不可有错，如果接线有错，在通电运行会出现启动时电动机左转，运行时电动机右转，因为电动机突然反转；导致电流剧增，会烧毁电动机或造成掉闸事故。

（4）如果需要调换电动机旋转方向，应在电源开关负荷侧调电源线为好，这样操作不容易造成电动机首尾端接线错误。

（5）电路中装电流表的目的，是为了监视电动机启动、运行电流，电流表的量程应按电动机额定电流的 3 倍选择。

4）常见故障

（1）丫启动过程正常，但按下 SB3 后电动机发出异常声音转速也急剧下降，这是为什么？

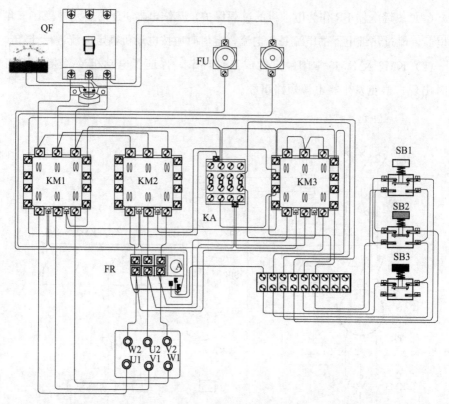

图 3-1-6 笼型三相异步电动机丫-△降压手动控制接线示意图

分析现象：接触器切换动作正常，表明控制电路接线无误。问题出现在接上电动机后，从故障现象分析，很可能是电动机主回路接线有误，使电路由丫接转到△接时，送入电动机的电源顺序改变了，电动机由正常启动突然变成了反序电源制动，强大的反向制动电流造成了电动机转速急剧下降和异常声音。

处理故障：核查主回路接触器及电动机接线端子的接线顺序。

（2）线路空载试验工作正常，接上电动机试车时，一启动电动机，电动机就发出异常声音，转子左右颤动，立即按 SB1 停止，停止时 KM2 和 KM3 的灭弧罩内有强烈的电弧现象。这是为什么？

分析现象：空载试验时接触器切换动作正常，表明控制电路接线无误。问题出现在接上电动机后，从故障现象分析是由于电动机缺相所引起的。电动机在丫启动时有一相绕组为接入电路，电动机造成单相启动，由于缺绕组不能形成旋转磁场，使电动机转轴的转向不定而左右颤动。

处理故障：检查接触器接点闭合是否良好，接触器及电动机端的接线是否紧固。

【实训考核】

本实训环节按照表 3-1-2 电动机丫-△降压手动控制故障检修考评表的内容进行评分。

表 3-1-2 电动机 Y—△降压手动控制故障检修考评表

项　　　目	配分	评 分 标 准	扣分	得分
准备工作	10	(1)没有仔细阅读电气线路的原理图与接线图扣5分 (2)对电气元件的实际位置不清楚,每只扣2分 (3)对线路的操作步骤不熟悉,每一步扣5分		
观察、总结	40	(1)观察过程中态度不认真,扣5分 (2)观察过程中随便扳动机床的开关与操作手柄,扣10分 (3)排除电气故障的步骤不全面,每少写一步扣2分		
编写维修记录	20	(1)没有编写维修记录 (2)维修记录不完整,每少写一项扣2分		
实训报告	10	没按照报告要求完成或内容不正确,扣10分		
团结协作精神	10	小组成员分工协作不明确、不能积极参与,扣10分		
安全文明生产	10	违反安全文明生产规程,扣5～10分		
定额时间	30min:每超时5min及以内,按扣5分计算			
备　　注	除定额时间外,各项目的最高扣分不应超过配分		成绩	
开始时间		结束时间	班级	姓名

3.2 CA6140车床电气控制系统分故障排除实训

【实训目的】

(1) 在教师指导下对 CA6140 车床进行操作,了解车床的各种工作状态及操作方法。

(2) 在教师的指导下,参照电气原理图和电气安装接线图,熟悉车床电气元件的分布位置和走线情况。

(3) 在 CA6140 车床模拟电气控制柜上人为设置故障点,设置故障时应注意以下几点:

① 人为设置故障必须是模拟车床在使用中由于受外界因素影响而造成的故障;

② 切忌设置更改线路或更换元件等由于人为原因而造成的故障;

③ 设置的故障应与学生具备的能力相适应;

④ 学生检修故障练习时,教师必须在现场密切观察学生操作,随时做好采取应急措施的准备。

（4）教师进行检修示范，示范时应边讲解边检修。

① 根据故障现象用逻辑分析法确定故障范围；

② 再用电阻法检查故障；

③ 用电压法检查故障；

④ 用验电笔检查故障；

⑤ 排除电路中故障，并通电试车；

⑥ 教师设置故障点，主电路一处、控制电路一处，让学生进行检修练习。

【注意事项】

① 掌握 CA6140 型车床线路工作原理及操作方法，认真观摩教师检修示范；

② 检修时所用工具、仪表应正确；

③ 检修时，严禁扩大故障范围或产生新的故障；

④ 带电检修时，必须有指导教师监护，以保证安全。

【实训准备】

1）工具准备

测电笔、螺钉旋具、尖嘴钳、斜口钳、剥线钳、电工刀等。

2）仪表准备

DT-9700 型钳形电流表，MF-47 型万用表（或数字式万用表 DT9205）。

3）器材准备

CA6140 车床模拟电气控制柜。

3.2.1 CA6140 车床电气控制系统

车床的主运动是工件的旋转运动，它是由主轴通过卡盘或顶尖带动工件旋转。电动机的动力通过主轴箱传给主轴，主轴一般只要单方向的旋转运动，只有在车螺纹时才需要用反转来退刀。

在 CA6140 车床上，用操纵手柄通过摩擦离合器来改变主轴的旋转方向。该车床结构如图 3-2-1 所示。

车削加工要求主轴能在很大的范围内调速，普通车床调速范围一般大于70r/min。主轴的变速是靠主轴变速箱的齿轮等机械有级调速来实现的，变换主轴箱外的手柄位置，可以改变主轴的转速。

进给运动是溜板带动刀具作纵向或横向的直线移动，也就是使切削能连续进行下去的运动。所谓纵向运动是指相对于操作者的左右运动，横向运动是指相对

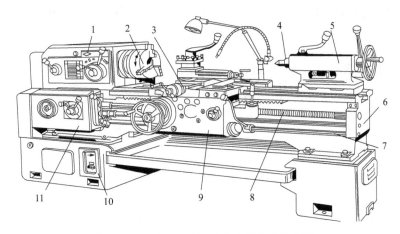

图 3-2-1   CA6140 型普通车床的主要结构图

1—主轴箱；2—夹盘；3—刀架；4—后顶尖；5—尾座；6—床身；

7—光杠；8—丝杠；9—溜板箱；10—底座；11—进给箱

于操作者的前后运动。

车螺纹时要求主轴的旋转速度和进给的移动距离之间保持一定的比例，所以主运动和进给运动要由同一台电动机拖动，主轴箱和车床的溜板箱之间通过齿轮传动来连接，刀架再由溜板箱带动，沿着床身导轨作直线走刀运动。

车床的辅助运动包括刀架的快进与快退，尾架的移动与工件的夹紧与松开等。为了提高工作效率，车床刀架的快速移动由一台单独的进给电动机拖动。

1）车床加工对控制线路要求认知

（1）主运动（切削运动）——主轴通过卡盘或顶尖带动工件的旋转运动。

（2）进给运动——溜板带动刀架的直线运动。

① 机械调速：工件材料、尺寸加工工艺等不同，切削速度应不同，因此要求主轴的转速也不同。

② 正反转控制：车削螺纹时，要求主轴反转来退刀，因此要求主轴能正反转。车床主轴的旋转方向可通过机械手柄来控制。

③ 制动：为了缩短停车时间，主轴停车时采用能耗制动。

④ 其他：显示电动机的工作电流以监视切削状况。

（3）快速移动——溜板带动刀架的快速运动。单向点动操作、短时工作方式。

（4）冷却润滑要求。车削加工中，根据不同的工件材料，也为了延长刀具的寿命和提高加工质量，需要切削液对工件和刀具进行冷却润滑，采用自动空气开关控制冷却泵电动机单向旋转。

此外还应配有安全照明电路和必要的联锁保护环节。

总结：CA6140 车床由 3 台三相笼型异步电动机拖动，即主电动机 M1，冷却泵电动机 M2 和刀架快速移动电动机 M3。

2) CA6140 车床电气控制线路认知

（1）主电路（图 3-2-2）。合上自动空气开关 QF1。

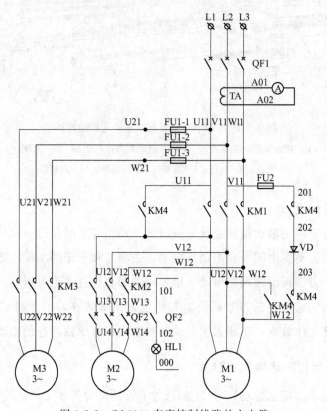

图 3-2-2　CA6140 车床控制线路的主电路

M1：交流接触器 KM1 主触点闭合，M1 直接启动运行。

M2：交流接触器 KM1 主触点闭合后，交流接触器 KM2 主触点闭合，再合上自动空气开关 QF2，M2 直接启动运行。

M3：交流接触器 KM3 主触点闭合，M3 直接启动运行。

（2）控制电路（图 3-2-3）。控制电路电源由电源变压器 TB 供给控制电路交流电压 127V，照明电路交流电压 36V，指示电路 6.3V。即采用变压器 380V/127V，36V，6.3V。

M1、M2 直接启动：合上 QF1 按下 SB2→KM1、KM2 线圈得电自锁→KM1 主触点闭合→M1 直接启动；KM2 主触点闭合→合上 QF2→M2 直接启动。

M3 直接启动：合上 QF1→按下 SB3→KM3 线圈得电→KM3 主触点闭合。M3 直接启动（点动）。

M1 能耗制动：

合上 SQ1→KT 线圈得电→ { KT 常闭触点断开→KM1、KM2 线圈断电
KT 常开触点闭合

⇒ { KM4 线圈得电→主触点闭合，M1 能耗制动。
KT 线圈断电→延时 t 秒后，KT 延时触点复位，KM4 主触点断开，制动结束。

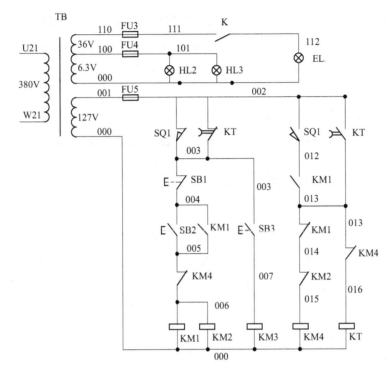

图 3-2-3　CA6140 车床控制线路的控制电路

（3）照明指示电路。电源变压器 TB 将 380V 的交流电压降到 36V 的安全电压，供照明用。照明电路由开关 K 控制灯泡 EL。熔断器 FU3 用作照明电路的短路保护。

冷却泵电动机 M2 运行指示灯 HL1。6.3V 电压供电源指示 HL2、刻度照明 HL3。

总结：

① 主轴电动机采用单向直接启动，单管能耗制动。能耗制动时间用断电延时型时间继电器控制。

② 主轴电动机和冷却泵电动机在主电路中保证顺序联锁关系。

③ 用电流互感器检测电流，监视电动机的工作电流。

3.2.2　CA6140 车床电气控制线路故障排除

1）CA6140 车床电气线路常见故障

（1）主轴电动机 M1 不能启动

原因分析：

① 控制电路没有电压；

② 控制线路中的熔断器 FU5 熔断；

③ 接触器 KM1 未吸合，按启动按钮 SB2，接触器 KM1 若不动作，故障必定在控制电路，如按钮 SB1、SB2 的触头接触不良，接触器线圈断线等。

当按 SB2 后，若接触器吸合，但主轴电动机不能启动，故障原因必定在主线路中，可依次检查接触器 KM1 主触点及三相电动机的接线端子等是否接触良好。

（2）主轴电动机不能停转

原因分析：这类故障多数是由于接触器 KM1 的铁芯面上的油污使铁芯不能释放或 KM1 的主触点发生熔焊，或停止按钮 SB1 的常闭触点短路所造成的。应切断电源，清洁铁芯极面的污垢或更换触点，即可排除故障。

（3）主轴电动机的运转不能自锁

原因分析：当按下按钮 SB2 时，电动机能运转，但放松按钮后电动机即停转，是由于接触器 KM1 的辅助常开触头接触不良或位置偏移、卡阻现象引起的故障。这时只要将接触器 KM1 的辅助常开触点进行修整或更换即可排除故障。辅助常开触点的连接导线松脱或断裂也会使电动机不能自锁。

（4）刀架快速移动电动机不能运转

原因分析：按点动按钮 SB3，接触器 KM3 未吸合，故障必然在控制线路中，这时可检查点动按钮 SB3，接触器 KM3 的线圈是否断路。

（5）M1 能启动，不能耗制动

启动主轴电动机 M1 后，若要实现能耗制动，只需踩下行程开关 SQ1 即可。若踩下行程开关 SQ1，不能实现能耗制动，其故障现象通常有两种：一种是电动机 M1 能自然停车；另一种是电动机 M1 不能停车，仍然转动不停。

原因分析：踩下行程开关 SQ1，不能实现能耗制动，其故障范围可能在主电路，也可能在控制电路中。有以下 3 种方法。

① 由故障现象确定。当踩下行程开关 SQ1 时，若电动机能自然停车，说明控制电路中 KT（02-03）能断开，时间继电器 KT 线圈能通电，不能制动的原因在于接触器 KM4 是否动作。KM4 动作，故障点在主电路中；KM4 不动作，故障点在控制电路中。当踩下行程开关 SQ1 时，若电动机不能停车，说明控制电路中 KT（02-03）不能断开，致使接触器 KM1 线圈不能断电释放，从而造成电动机不停车，其故障点在控制电路中，这时可以检查继电器 KT 线圈是否得电。

② 由电器的动作情况确定。当踩下行程开关 SQ1 进行能耗制动时，反复观察电器 KT 和 KM4 的衔铁有无吸合动作。若 KT 和 KM4 的衔铁先后吸合，则

故障点肯定在主电路的能耗制动支路中；KT 和 KM4 的衔铁只要有一个不吸合，则故障点必在控制电路的能耗制动支路中。

③ 强行使接触器 KM4 的衔铁吸合。若此时仍不能实现能耗制动，说明故障点在主电路；若此时可以实现能耗制动，则不能实现能耗制动的故障原因不在主电路，必在控制电路中。

通电试验时千万注意以下事项：

a. 可能发生飞车或损坏传动机构的设备不宜通电；

b. 发现冒烟、冒火及异常声音应立即停车检查；

c. 不能随意触碰带电电气；

d. 养成单手操作的习惯。

2）线路测量方法认知

（1）测量法

测量法是利用校验灯、验电笔、万用表、钳形电流表、示波器等对线路进行带电或断电测量，是找出故障点的有效方法。

① 带电测量法。对于简单的电气线路，可以用验电笔直接判断电源好坏。例如：电笔碰触主电路组合开关及熔断器出线端，氖管发光均较亮，则电源正常；若两相较亮，一相不亮，则存在电源缺相故障。但验电笔有时会引起误判断。例如某额定电压 380V 的线圈，若一根引线正常，另一根断路，由于线圈本身有电阻，验电笔测量两端均正常发光，可能会误判力电源正常而线圈损坏。这时最好用电压测量法，用交流电压挡，并选择合适的量程，测量线圈两端电压为额定值，但继电器不动作，则线圈损坏；否则线圈是好的，但线路不通。

CA6140 车床 KMI 不得电时，首先用万能表测量控制变压器，原边是否有 380V 电压输入、副边 127V 输出。若有，则移动一根表棒至 006 点，还是 127V，那么固定这根表棒不动，另一根移到 001、002、003、004、005 点（测 003、004 点时要同时按下启动按钮），用以检查时间继电器、行程开关、停止按钮、制动接触器 KM4 的常闭触点，SB2 的常开触点及有关连接线路的好坏。如果电压正常，说明这些电气及连接线是好的；如果在移动过程中电压突然变为零，则相关的电气或连接线就是故障点。

如果两个电气线圈并联，其中一个电气能够动作而另一个不能动作，这时也可以用相反的程序进行测量，即从线圈两端开始。例如 CA6140 车床制动接触器 KM4 不得电，但时间继电器 KT 得电。检查的程序是：第一步测量 KM4 线圈两端电压，若无，则将一根表棒固定，另一根表棒顺着导线或常闭触点移动，直到出现电压为止，那前一个触点或导线便是故障点。在采用可控整流供电的电动机调速控制线路中，利用示波器来观察触发电路的脉冲波形和可控整流的输出波形，就能很快地判断故障所在。

② 断电测量法。尽管带电测量检查故障迅速准确，但不安全，所以经常用断电测量法检查。也就是在切断电源后，利用万用表欧姆挡，对怀疑有问题的控制线路中的触点、线圈、连接线测量直流电阻值，以此来判断它们的短路和断路。

例如：CA6140 车床 KM1、KM2、KM3 均不得电，此时应断开电源，首先用万用表×1 挡测熔断器 FU5，若完好，则取出熔体（以防寄生回路），然后万用表拨至×10 挡或×100 挡，表棒一根固定在 006 点，另一根逐点接触005、001、002（这三点必须按下 SB2）、003、004 点，若表针从"∞"向中间偏转，则前一个触点或导线便是故障点。像以上三个线圈均不得电的故障，公共通路出现断路的概率较大。所以在测量时，首先从公共部分开始，逐渐向线圈接近。

(2) 逻辑分析法

逻辑分析法是一种以准为前提、以快为目的的检查方法。因此，它适用于对复杂线路的故障检查。因为复杂线路往往有上百个电气元件和上千条连线，如果采用逐一检查的方法，不仅需耗费大量时间，而且会漏查故障点。采用逻辑分析法检查时，应根据原理图，对故障现象作具体分析，在划出可疑范围后，再借鉴试验法，对与故障回路有关的其他控制环节进行操作。当故障可疑范围较大时，不必按部就班地逐级检查，可以从故障范围的中间环节开始检查，以便缩小范围，使貌似复杂的问题变得条理清晰，从而提高检修的针对性，收到快而准的效果。

例如：CA6140 车床 KM4 能吸合，但不能实现能耗制动，故障点肯定在主电路。可能是 FU2 熔断，二极管 VD 损坏，KM4 三对主触点有一对不通，这时用不着逐点检查，应使万用表转换至 250V 直流电压挡，测 W12 和 V11 之间有否 170V 左右直流电压。若有，则故障点是 KM4（U11-U12）、KM4（V12-W12）断路；若无，则故障是 KM4（201-202）、KM4（203-W12）不通，FU2 熔断或 VD 损坏，这样使故障范围大大缩小。

总之，车床线路的故障现象各不相同，我们一定要理论联系实际，灵活运用以上方法，及时总结经验，并作好检修记录，不断提高自己的排除故障能力。

【实训考核】

考核要求：在 30 分钟内排除两个电气线路故障。技能考核及评分标准见表 3-2-1。

表 3-2-1　技能考核及评分标准

序号	项目	评分标准	配分	扣分	得分
一	观察故障现象	两个故障,观察不出故障现象,每个扣 5 分	10		
二	故障分析	(1)分析和判断故障范围,每个故障占 30 分 (2)每一个故障,范围判断不正确每次扣 10 分 (3)范围判断过大或过小,每超过一个元器件扣 5 分 (4)扣完这个故障的 30 分为止	60		
三	故障排除	正确排除两个故障,不能排除故障,每个扣 15 分	30		
四	其他	(1)不能正确使用仪表,扣 10 分 (2)拆卸无关的元器件、导线端子,每次扣 5 分 (3)扩大故障范围,每个故障扣 10 分 (4)违反电气安全操作规程,造成安全事故者酌情扣分			
开始时间		结束时间		班级		姓名		成绩	

3.3　Z3040 型摇臂钻床故障排除技能实训

【实训目的】

（1）在教师指导下对 Z3040 型摇臂钻床进行操作，了解车床的各种工作状态及操作方法。

（2）在教师的指导下，参照电气原理图和电气安装接线图，熟悉摇臂钻床电气元件的分布位置和走线情况。

（3）在 Z3040 型摇臂钻床模拟电气控制柜上人为设置故障点，设置故障时应注意以下几点：

① 人为设置故障必须是模拟摇臂钻床在使用中由于受外界因素影响而造成的故障；

② 切忌设置更改线路或更换元件等由于人为原因而造成的故障；

③ 设置的故障应与学生具备的能力相适应；

④ 学生检修故障练习时，教师必须在现场密切观察学生操作，随时做好采取应急措施的准备。

（4）教师进行检修示范，示范时应边讲解边检修。

① 根据故障现象用逻辑分析法确定故障范围；

② 再用电阻法检查故障；

③ 用电压法检查故障；

④ 用验电笔检查故障；

⑤ 排除电路中故障，并通电试车；

⑥ 教师设置故障点，主电路一处、控制电路一处，让学生进行检修练习。

【注意事项】

① 掌握 Z3040 型摇臂钻床线路工作原理及操作方法，认真观摩教师检修示范；

② 检修时所用工具、仪表应正确；

③ 检修时严禁扩大故障范围或产生新的故障；

④ 带电检修时，必须有指导教师监护，以保证安全。

【实训准备】

1）工具准备

测电笔、螺钉旋具、尖嘴钳、斜口钳、剥线钳、电工刀等。

2）仪表准备

DT-9700 型钳形电流表，MF-47 型万用表（或数字式万用表 DT9205）。

3）器材准备

Z3040 型摇臂钻床模拟电气控制柜。

3.3.1　Z3040 型摇臂钻床电气控制系统

1）摇臂钻床的主要结构与运动形式认知

钻床可以进行多种形式的加工，如：钻孔、镗孔、铰孔及攻螺纹，因此要求钻床的主轴运动和进给运动有较宽的调速范围。Z3040 型摇臂钻床主轴的调速范围为，正转最低转速为 40r/min，最高转速为 2000r/min，进给范围为 0.05～1.60mm/r。它的调速是通过三相交流异步电动机和变速箱来实现的。

钻床的种类很多，有台钻、立钻、卧钻、专门化钻床和摇臂钻床。台钻和立钻的电气线路比较简单，其他形式的钻床在控制系统上也大同小异。

摇臂钻床适合于在大、中型零件上进行钻孔、扩孔、铰孔及攻螺纹等工作，在具有工艺装备的条件下还可以进行镗孔。

Z3040 摇臂钻床由底座、外立柱、内立柱、摇臂、主轴箱及工作台等部分组成，主要结构如图 3-3-1 所示。

内立柱固定在底座的一端，外立柱套在内立柱上，工作时用液压夹紧机构与内立柱夹紧，松开后，可绕内立柱回转 360°。

摇臂的一端为套筒，它套在外立柱上，经液压夹紧机构可与外立柱夹紧。夹紧机构松开后，借助升降丝杠的正、反向旋转可沿外立柱作上下移动。由于升降丝杠与外立柱构成一体，而升降螺母则固定在摇臂上，所以摇臂只能与外立柱一

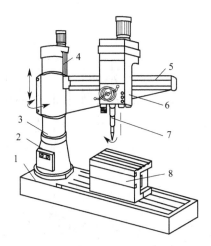

图 3-3-1　Z3040 摇臂钻床的主要结构

1—底座；2—内立柱；3—外立柱；4—摇臂升降丝；

5—摇臂；6—主轴箱；7—主轴；8—工作台

起绕内立柱回转。

主轴箱是一个复合部件，它由主传动电动机、主轴和主轴传动机构、进给和变速机构，以及机床的操作机构等部分组成。主轴箱安装于摇臂的水平导轨上，可以通过手轮操作，使主轴箱沿摇臂水平导轨移动，通过液压夹紧机构紧固在摇臂上。

钻削加工时，主轴旋转为主运动，而主轴的直线移动为进给运动。即钻孔时钻头一面作旋转运动，同时作纵向进给运动。主轴变速和进给变速的机构都在主轴箱内，用变速机构分别调节主轴转速和上、下进给量。摇臂钻床的主轴旋转运动和进给运动由一台交流异步电动机 M1 拖动。

摇臂钻床的辅助运动有：摇臂沿外立柱的上升、下降，立柱的夹紧和松开以及摇臂与外立柱一起绕内立柱的回转运动。摇臂的上升、下降由一台交流异步电动机 M2 拖动，立柱的夹紧和松开、摇臂的夹紧与松开以及主轴箱的夹紧与松开由另一台交流电动机 M3 拖动一台齿轮泵，供给夹紧装置所需要的压力油推动夹紧机构液压系统实现的。而摇臂的回转和主轴箱沿摇臂水平导轨方向的左右移动通常采用手动。此外还有一台冷却泵电动机 M4 对加工的刀具进行冷却。

2）Z3040 型摇臂钻床电气控制电路认知

图 3-3-2 为 Z3040 型摇臂钻床电气控制电路图。图中 M1 为主轴电动机，M2 为摇臂升降电动机，M3 为液压泵电动机，M4 为冷却泵电动机。

主电路中 M1 为单方向旋转，由接触器 KM1 控制，主轴的正反转则由机床液压系统操纵机构，配合正反转摩擦离合器实现，并由热继电器 FR1 作电动机长期过载保护。

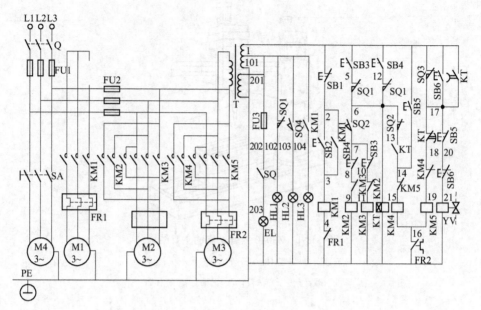

图 3-3-2　Z3040 型摇臂钻床电气原理图

M2 由正、反转接触器 KM2、KM3 控制实现正反转。控制电路保证在操纵摇臂升降时，首先使液压泵电动机启动旋转，供出压力油，经液压系统将摇臂松开，然后才使电动机 M2 启动，拖动摇臂上升或下降。当移动到位后，控制电路又保证 M2 先停下，再自动通过液压系统将摇臂夹紧，最后液压泵电动机才停下。M2 为短时工作，不用设长期过载保护。

M3 由接触器 KM4、KM5 实现正反转控制，并有热继电器 FR2 作长期过载保护。

M4 电动机容量小，功率为 0.125kW，由开关 SA 控制。

控制电路中，由按钮 SB1、SB2 与 KM1 构成主轴电动机 M1 的单方向旋转启动——停止电路。M1 启动后，指示灯 HL3 亮，表示主轴电动机在旋转。

由摇臂上升按钮 SB3、下降按钮 SB4 及正反转接触器 KM2、KM3，组成具有双重互锁的电动机正反转点动控制电路。由于摇臂的升降控制必须与夹紧机构液压系统紧密配合，所以与液压泵电动机的控制有密切关系。下面以摇臂的上升为例分析摇臂升降的控制。

按下上升点动按钮 SB3，时间继电器 KT 线圈通电，触点 KT(1-17)、KT(13-14) 立即闭合，使电磁阀 YV、KM4 线圈同时通电，液压泵电动机启动旋转，拖动液压泵送出压力油，并经二位六通阀进入松开油腔，推动活塞和菱形块，将摇臂松开。同时，活塞杆通过弹簧片压上行程开关 SQ2，发出摇臂松开信号，即触点 SQ2(5-7) 闭合，SQ2(5-13) 断开，使 KM2 通电，KM4 断电。于是电动机 M3 停止旋转，液压泵停止供油，摇臂维持松开状态；同时 M2 启动旋转，带动摇臂上升。所以 SQ2 是用来反映摇臂是否松开并发出松开信号的电气元件。

当摇臂上升到所需位置时，松开按钮 SB3，KM2 和 KT 断电，M2 电动机停止旋转，摇臂停止上升。但由于触点 KT(17-18) 经 1～3s 延时闭合，触点 KT(1-17) 经同样延时断开，所以 KT 线圈断电，经 1～3s 延时后，KM5 通电，此时 YV 通过 SQ3 仍然得电。M3 反向启动，拖动液压泵送出压力油，经二位六通阀进入摇臂夹紧油腔，向反方向推动活塞和菱形块，将摇臂夹紧。同时，活塞杆通过弹簧片压下行程开关 SQ3，使触点 SQ3(1-17) 断开，使 KM5 断电，液压泵电动机 M3 停止旋转，摇臂夹紧完成。所以 SQ3 为摇臂夹紧信号开关。

时间继电器 KT 是为了保证夹紧动作在摇臂升降电动机停止运转后进行而设的，KT 延时长短，根据摇臂升降电动机切断电源到停止的惯性大小来调整。

摇臂升降的极限保护由行程开关 SQ1 来实现。SQ1 有两对常闭触点，当摇臂上升或下降到极限位置时相应触点动作，切断对应上升或下降接触器 KM2 或 KM3 线圈的电源，使 M2 停止旋转，摇臂停止移动，实现极限位置保护。SQ1 开关两对触点平时应调整在同时接通位置；一旦动作时，应使一对触点断开，而另一对触点仍保持闭合。

摇臂自动夹紧程度由行程开关 SQ3 控制。如果夹紧机构液压系统出现故障不能夹紧，那么触点 SQ3(1-17) 断不开，或者 SQ3 开关安装调整不当，摇臂夹紧后仍不能压下 SQ3，这时都会使电动机 M3 处于长期过载状态，容易将电动机烧毁，为此，M3 采用热继电器 FR2 作过载保护。

主轴箱和立柱松开与夹紧的控制：主轴箱和立柱的夹紧与松开是同时进行的。当按下松开按钮 SB5，KM4 通电，M3 电动机正转，拖动液压泵送出压力油，这时 YV 处于断电状态，压力油经二位六通阀，进入主轴箱松开油腔与立柱松开油腔，推动活塞和菱形块，使主轴箱和立柱实现松开。在松开的同时通过行程开关 SQ4 控制指示灯发出信号，当主轴箱与立柱松开时，开关 SQ4 不受压，触点 SQ4(101-102) 闭合，指示灯 HL1 亮，表示确已松开，可操作主轴箱和立柱移动。当夹紧时，将压下 SQ4，触点(101-103) 闭合，指示灯 HI2 亮，可以进行钻削加工。

机床安装后接通电源，可利用主轴箱和立柱的夹紧、松开来检查电源相序，当电源相序正确后，再调整电动机 M2 的接线。

3）Z3040 型摇臂钻床电气位置

Z3040 型摇臂钻床电气位置如图 3-3-3 所示，供检修、调试时参考，表 3-3-1 列出了 Z3040 型摇臂钻床主要电气及用途。

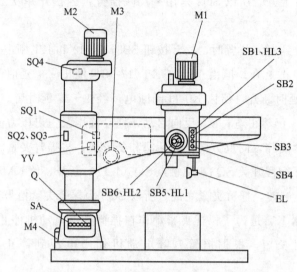

图 3-3-3   Z3040 型摇臂钻床电气位置图

表 3-3-1   Z3040 型摇臂钻床主要电气及用途

序号	符号	名称及用途	序号	符号	名称及用途
1	EL	照明灯	10	SB4	摇臂下降按钮
2	M1	主轴电动机	11	SB2、HL3	主轴电动机启动按钮及指示灯
3	M2	摇臂升降电动机	12	SB5、HL1	主轴箱和立柱松开按钮及指示灯
4	M3	液压泵电动机	13	SB6、H12	主轴箱和立柱夹紧按钮及指示灯
5	M4	冷却泵电动机	14	SQ1	摇臂升降限位用行程开关
6	Q	电源开关	15	SQ2、SQ3	摇臂松开、夹紧用行程开关
7	SA	液压泵电动机用转换开关	16	SQ4	主轴箱与立柱松开或夹紧用行程开关
8	SB1	主轴停止按钮	17	YV	电磁阀
9	SB3	摇臂上升按钮			

3.3.2   常见故障分析

Z3040 型摇臂钻床电气线路比较简单，其电气控制的特殊环节是摇臂的运动。摇臂在上升或下降时，摇臂的夹紧机构先自动松开，在上升或下降到预定位置后，其夹紧机构又要将摇臂自动夹紧在立柱上。这个工作过程是由电气、机械和液压系统的紧密配合而实现的。所以在维修和调试时，不仅要熟悉摇臂运动的电气过程，而且更要注重掌握机电液配合的调整方法和步骤。

1）摇臂不能上升（或下降）

（1）首先检查行程开关 SQ2 是否动作，如果已动作，即 SQ2 的常开触点（5-7）已闭合，说明故障发生在接触器 KM2 或摇臂升降电动机 M2 上；如果 SQ2 没有动作，这种情况较常见，说明实际上此时摇臂已经放松，但由于活塞杆压不上 SQ2，使接触器 KM2 不能吸合，升降电动机不能得电旋转，摇臂不能上升。

（2）液压系统发生故障，如液压泵卡死、不转，油路堵塞或气温太低时油的黏度增大，使摇臂不能完全松开，压不上 SQ2，摇臂也不能上升。

（3）电源的相序接反，按 SB3 摇臂上升按钮，液压泵电动机反转，使摇臂夹紧，压不上 SQ2，摇臂也就不能上升或下降。

排除故障时，若判断是行程开关 SQ2 位置改变造成的，则应与机械、液压维修人员配合，调整好 SQ2 的位置并紧固。

2）摇臂上升（或下降）到预定位置后，摇臂不能夹紧

（1）限位开关 SQ3 安装位置不准确，或者因紧固螺钉松动造成 SQ3 限位开关过早动作，使液压泵电动机 M3 在摇臂还未充分夹紧时就停止旋转。

（2）接触器 KM5 线圈回路出现故障。

3）立柱、主轴箱不能夹紧（松开）

立柱、主轴箱各自的夹紧或松开是同时进行的，立柱、主轴箱不能夹紧或松开，可能因油路堵塞、接触器 KM4 或 KM5 线圈回路出现故障造成的。

4）按 SB6 按钮，立柱、主轴箱能夹紧，但放开按钮后，立柱、主轴箱却松开

立柱、主轴箱的夹紧和松开，都采用菱形块结构。故障多为机械原因造成，可能是因菱形块和承压块的角度方向装错，或者因距离不合适造成的。如果菱形块立不起来，这是因为夹紧力调得太大或夹紧液压系统压力不够所致。作为电气维修人员，掌握一些机械、液压知识，将对维修带来方便，避免盲目检修并能缩短机床停机时间。

5）摇臂上升或下降行程开关失灵

行程开关 SQ1 失灵分以下两种情况。

（1）行程开关损坏、触点不能因开关动作而闭合、接触不良，使线路不能正常工作。线路断开后，信号不能传递，不能使摇臂上升或下降。

（2）行程开关不能动作，触点熔焊，使线路始终呈接通状态。当摇臂上升或下降到极限位置后，摇臂升降电动机不转，发热严重，由于电路中没设过载保护元件，会导致电动机绝缘损坏。

6）主轴电动机刚启动运转，熔断器就熔断

按主轴启动按钮 SB2，主轴电动机刚旋转，就发生熔断器熔断故障。原因可能是机械机构发生卡住现象或者是钻头被铁屑卡住，进给量太大，造成电动机不转；负荷太大，主轴电动机电流剧增，热继电器来不及动作，使熔断器熔断。也可能因为电动机本身的故障造成熔断器熔断。

排除故障时，应先退出主轴，根据空载运行情况，区别故障现象，找出原因。

【实训考核】

考核要求：在 30 分钟内排除两个电气线路故障。技能考核及评分标准见表 3-3-2。

表 3-3-2 技能考核及评分标准

序号	项　目	评　分　标　准	配分	扣分	得分
一	观察故障现象	两个故障,观察不出故障现象,每个扣 5 分	10		
二	故障分析	(1)分析和判断故障范围,每个故障占 30 分 (2)每一个故障,范围判断不正确,每次扣 10 分 (3)范围判断过大或过小,每超过一个元器件扣 5 分 (4)扣完这个故障的 30 分为止	60		
三	故障排除	正确排除两个故障,不能排除故障,每个扣 15 分	30		
四	其他	(1)不能正确使用仪表扣 10 分 (2)拆卸无关的元器件、导线端子,每次扣 5 分 (3)扩大故障范围,每个故障扣 10 分 (4)违反电气安全操作规程,造成安全事故者酌情扣分			
开始时间		结束时间		班级		姓名			成绩	

参考文献

[1]　朱应煌．维修电工实训．北京：化学工业出版社，2008.

[2]　杨庆堂．维修电工技能鉴定．哈尔滨：哈尔滨工程大学出版社，2008.

[3]　张永花，杨强．电机及控制技术．北京：中国铁道出版社，2010.

[4]　君兰工作室．电工技能．北京：科学出版社，2010.

[5]　仇超．电工实训．北京：北京理工大学出版社，2007.

[6]　张凤珊．电气控制及可编程序控制器．第2版．北京：中国轻工业出版社，2003.

[7]　本书编写组．工厂常用电气设备手册．第2版．北京：中国电力出版社，1998.

[8]　马志溪．电气工程设计．北京：机械工业出版社，2002.

[9]　刘增良，刘国亭．电气工程CAD．北京：中国水利水电出版社，2002.

[10]　齐占庆，王振臣．电气控制技术．北京：机械工业出版社，2002.

[11]　史国生．电气控制与可编程控制器技术．北京：化学工业出版社，2003.

[12]　郁汉琪．电气控制与可编程序控制器应用技术．南京：东南大学出版社，2003.